国家林业和草原局科学普及项目（2019-KP8）

国家公园在·中国

NATIONAL PARKS
IN CHINA

唐芳林◎主编

中国林业出版社

图书在版编目（CIP）数据

国家公园在中国 / 唐芳林主编 . -- 北京：中国林
业出版社 , 2021.9
ISBN 978-7-5219-1061-2

Ⅰ . ①国… Ⅱ . ①唐… Ⅲ . ①国家公园—建设—中国
Ⅳ . ① S759.992

中国版本图书馆 CIP 数据核字 (2021) 第 037290 号

审图号：GS（2021）1954

国家公园在中国

Guojia Gongyuan Zai Zhongguo

责任编辑：孙瑶　盛春玲
出版发行：中国林业出版社
（100009 北京市西城区刘海胡同7号）
电　　话：010-83143629
印　　刷：河北京平诚乾印刷有限公司
版　　次：2021年9月第1版
印　　次：2021年9月第1次印刷
开　　本：710mm×1000mm　1/16
印　　张：14
字　　数：270千字
定　　价：68.00元

Preface

前言

我们居住的地球，有多样的地貌，孕育了丰富的自然资源和复杂的生物多样性。大自然生机勃勃，提供了万物生存的源泉，还给予了我们极致的美景。其中包含的自然生态系统，是人类赖以生存的生命支持系统，既是人类的生存空间，又直接或间接地提供了各类基本生产资料。在漫长的历史长河中，人类享受着自然的供给，人们对自然资源的索取并没有超过自然界自我恢复的阈值，大多数时间里，人与自然相对相安无事。

随着人口数量的增长以及利用自然手段和能力的增强，特别是工业化以来的200多年，资源的短缺和环境的退化现象从局部蔓延到全局，生态环境问题成了全球性问题。全球气候变化，更是威胁到了人类的生存。

随之而来的是环境问题。森林消失了，水源枯竭了，物种灭绝了，许多美景消失了，争夺自然资源而发生的战争此起彼伏，曾经辉煌的帝国消失，城池荒芜，人类文明发展又因为自身的不文明行为遭受了惩罚。于是，人们意识到，构成自然生态系统的水、空气、土壤和动植物等生态要素，是人类须臾不可离开的物质条件，保持一个完整的、健康的自然生态系统，直接关系到经济社会可持续发展，事关国家兴衰和民族存亡，是国家安全的重要组成部分。

国家公园是人类文明发展到一定阶段后的必然产物，它的出现推动了自然保护事业的兴起和发展，不仅创造了人类社会保护自然生态环境的新形式，也引发了世界性的自然保护运动。自国家公园诞生以来，这种自然保护地的模式已经在全球200多个国家通行。

与之相似并平行运行的是自然保护区。1922年苏联建立了世界上第一个自然保护区，目的在于保护环境和资源，进行科学研究，没有赋予游憩的功能，排斥人为活动。到1933年，苏联就建立了33处自然保护区。苏联以及受其受影响的东欧国家等，都采用了自然保护区的保护形式。

中国曾经学习苏联，因此目前中国自然保护地的主体是自然保护区。到2020年，全国建立各类自然保护区达2750处，自然保护区的面积占国土面积的比例已经超过世界平均水平，自然保护区无疑是我国保护地的主要形式，为我国自然保护做出了不可替代的巨大贡献。

国家公园和自然保护区有类似之处，在一些国家被视为是一样的。中国的国家公园与一般的自然保护区相比，范围更大、生态系统更完整、原真性更强、管理层级更高、保护更严格，突出原真性和完整性保护，在强调保护的同时也重视多功能发挥，满足人们探索、认知自然和体验自然的需求，有利于自然保护与利用的良性互动。因此，中国的国家公园起点很高，甫一提出，就引起全球强烈关注。

具有5000多年文明史的中国发展到今天，遇到了前所未有的资源趋紧、生态退化、环境污染加剧、生物多样性锐减的严峻局面，我们赖以生存的自然环境面临严重威胁。保护原生自然生态系统、修复退化生态环境，成了我们这代人的历史重任。将最具有生态重要性、国家代表性和全民公益性的核心资源纳入国家公园，用国家意志和国家公权力行使管理权，实行最严格的保护，这就需要建立国家公园体制。

建立国家公园体制是以习近平同志为核心的党中央站在中华民族永续发展的高度做出的一项战略决策，是我国生态文明建设的重要内容和重大制度创新，是推进自然生态保护、建设美丽中国、促进人与自然和谐共生的一项重要举措。这是一个改革抓手，通过改革自然保护领域存在的问题，建立以国家公园为主体的自然保护地体系，这是一项功在当代、利在千秋的伟大事业。

习近平总书记亲自谋划、亲自部署、亲自推动了国家公园体制建设。2015年12月9日，习近平总书记主持召开的中央全面深化改革领导小组第十九次会议审议通过了《三江源国家公园体制试点方案》。会议指出：在青海三江源地区选择典型和代表区域开展国家公园体制试点，实现三江源地区重要自然资源国家所有、全民共享、世代传承，促进自然资源的持久保育和永续利用，具有十分重要的意义。2016年1月26日，习近平总书记在中央财经领导小组第十二次会议上发表重要讲话时指出，要着力建设国家公园，保护自然生态系统的原真性和完整性，给子孙后代留下一些自然遗产。2019年8月19日，习近平总书记在致第一届国家公园论坛的贺信中进一步强调，中国实行国家公园体制，目的是保持自然生态系统的原真性和完整性，保护生物多样性，保护生态安全屏障，给子孙后代留下珍贵的自然资产。习近平总书记的一系列指示精神为中国国家公园指明了方向。

2017年9月，中共中央办公厅、国务院办公厅印发了《建立国家公园体制总体方案》，为国家公园体制建设提供了基本遵循；2019年6月，中共中央办公厅、国务院办公厅印发《关于建立以国家公园为主体的自然保护地体系的指导意见》，指出我国将构建以国家公园为主体、自然保护区为基础、各类自然公园为补充的自然保护地体系。在各类自然保护地中，国家公园的生态价值和保护强度最高，居主体地位。

2018年党和国家机构改革，组建国家林业和草原局（国家公园管理局），统一管理各级各类自然保护地，加快建立统一规范高效的中国特色国家公园体制。国家林业和草原局（国家公园管理局）按照中央统一部署认真开展国家公园体制试点，在顶层设计、管理体制机制创新、资源保护、保障措施等方面进行了有益探索，取得了阶段性成效。在10个国家公园体制试点区，一幅幅美丽中国的画卷正徐徐铺展，生动诠释着"两山"理念的强大真理力量。目前，自然保护地体系建设提速，国家公园体制试点任务基本完成，即将正式设立第一批国家公园。

试点结束以后，还将继续推进国家公园体制建设进程，始终坚持国家公园建设的科学理念和正确方向，强化顶层设计，明确国家公园设立规范，坚持统筹布局、规划引领、严格把关，按照成熟一个设立一个的原则，逐步推进国家公园建设，强力推进以国家公园为主体的自然保护地体系建设，切实保护好自然生态系统的原真性、完整性，给子孙后代留下珍贵的自然资产。

中国的国家公园已经有了一个良好的开端，必将破冰前行，驶向荒野保护的星辰大海，为中华民族伟大复兴的生态根基保驾护航。为了让广大读者了解国家公园，国家林业和草原局组织编写了这本《国家公园在中国》。作者都是国家公园的一线工作者，长期致力于国家公园研究和实践，他们以自身的体会，阐释了国家公园的前世今生，介绍了中国开展的三江源等10个国家公园试点情况，呈现了国家公园的自然和美丽。该书具有知识性，旨在向公众解读建立国家公园体制的内涵和改革方向，培养国家公园文化、传播国家公园理念、彰显国家公园价值。希望本书能够对读者了解国家公园有所裨益。

唐芳林　刘东黎

2021年9月

Contents

目录

前言

第一篇
国家公园的内涵

001

第三篇
走进中国国家公园
体制试点

103

043

第二篇
建立国家公园
体制探索

第一篇
国家公园的内涵

1832年，画家、旅行家乔治·卡特林在旅途中，对美国西部大开发造成自然环境、野生动植物和印第安文明的影响深表忧虑。"它们可以被保护起来，只要政府通过一些保护政策设立一个大公园……一个国家公园，其中有人也有野兽，所有的一切都处于原生状态，体现着自然之美。"国家公园这个名词第一次出现了。

在中国，国家公园是最重要的自然保护地类型，是国家所有、全民共享、世代传承的珍贵自然资产。坚持生态保护第一，国家代表性和全民公益性。

1.1 什么是国家公园

一、国家公园的定义

国家公园的概念始于美国，源自自然保护目的，同时提供民众休闲，"为了人民的利益和享受"。此外，美国国家公园有时也指"国家公园体系"，也就是美国国家公园管理局管理的所有区域，包括国家公园、纪念地、国家战场、历史公园、国家湖滨、国家保留地等。自1872年世界上第一个国家公园——黄石国家公园建立以来，国家公园理念在美国得到广泛而迅速的传播，而随着生态保护运动的爆发性开展、工业化国家居民对"绿色空间"的渴求及世界旅游业的发展等原因，国家公园运动在世界范围内迅速发展，并从单一的国家公园概念衍生出"国家公园与自然保护地体系""世界遗产""生物圈保护区"等相关概念。

随着时代发展，国家公园概念本身也发生了显著的变化，从最初保障全体国民风景权益发展到大尺度生态过程和生态系统的保护。虽然不同国家和地区对国家公园的定义有所差异，但各国国家公园定义中均强调了对有代表性的地理空间及该地理空间存在的动植物、自然和文化景观的保护。这些保护区为公众提供了理解环境友好型和文化兼容型社区的机会，例如精神享受、科研、教育、娱乐和参观（详见表1-1-1）。

三江源国家公园体制试点
（图片由三江源国家公园管理局提供，摄影：赵金德）

表1-1-1　世界自然保护联盟（IUCN）与各国的国家公园定义

	国家公园定义
IUCN	指保护起来的大面积的自然或接近自然的生态系统区域，以保护大范围的生态过程及其包含的物种和生态系统特征，同时提供环境与文化兼容的精神享受、科学研究、自然教育、游憩和参观等机会
美国	分为广义和狭义两种。狭义的国家公园是一个足够大的水域和陆地范围，能够为其区域内多种多样的自然资源提供充足的保护；广义的国家公园系统是指由国家公园、保护区、历史公园、战场公园、游憩区等共同组成的、目前或今后由内政部长指导、由国家公园管理局管理的陆地与水域范围的总和
加拿大	政府应保护的地方，使其能够不受损失地为子孙后代所享用。此外，维护并恢复生态完整性，对自然资源和自然过程的保护应为优先
法国	具有独特保育价值的陆地和海洋自然环境区域；或者这些区域若退化或破坏，会直接影响其多样性、组成、存续和进化等，都适于建国家公园
英国	保护和加强该地区的自然和文化遗产，并促进公众了解和享受国家公园的特殊价值（全英统一）；促进该地区自然资源的可持续利用，以及促进当地社区的经济和社会可持续发展（苏格兰补充）
挪威	大面积的无重大基础设施建设，含有独特的、代表性生态系统或景观的自然生境
俄罗斯	是环境、生态、教育和研究场所，其范围（含水域）包括特殊生态、历史、美学价值的自然复合体，对国家公园的使用可出于环境、教育、科学、文化以及（受制约和管制的）旅游的目的
日本	发展和人类活动被严格限制以保存最典型、最优美的自然风景的地区，日本必须提供必要信息和设施以让游客享受和更亲近自然
韩国	代表国家的自然生态系统、自然遗迹、文化景观的地区，为了保护和保存以及实现可持续发展，由韩国政府特别指定并加以管理的地区
南非	保护具有国家或国际重要性的生物多样性地域，南非有代表性的自然系统、景观地域或文化遗产地。其包含一种或多种完整的生态系统，可以防止与生态完整性保护不和谐的开发和占有，为公众提供与环境相适的精神的、科学的、教育的和游憩的机会，并在可行的前提下为经济发展做出贡献
阿塞拜疆	是具有自然生态、历史、美学和其他重要价值的地区，用于自然保护、启蒙、科学、文化等功能
澳大利亚	以保护和旅游为主要目的的面积较大的区域，建有较高质量的公路、环境教育中心以及生态厕所、野营地、购物中心等基础服务设施，在保护自然环境、生态系统和野生动植物的同时，尽可能为公众提供各种方便，鼓励公众开展生态旅游活动
津巴布韦	保护和保存了其范围内的景观与风景、野生动植物及其所在生态环境，从而为公众提供享乐、科普教育与精神启发

加拿大班夫国家公园
（摄影：苏亚辉）

01 | 02 / 03

01— 英国南唐斯国家公园（摄影：盛春玲）
02— 南非桌山国家公园（摄影：唐芳林）
03— 美国黄石国家公园周边的国家森林（摄影：唐芳林）

中国大陆自2009年在国家技术质量监督局备案、云南省技术质量监督局发布的《国家公园基本条件》(DB53/T 298—2009)中将国家公园定义为"国家公园是由政府划定和管理的保护地，以保护具有国家或国际重要意义的自然资源和人文资源及其景观为目的，兼有科研、教育、游憩和社区发展等功能，是实现资源有效保护和合理利用的特定区域"后，不同专家学者也对国家公园给出了不同的定义。如张希武等认为"国家公园是由政府划定和管理的保护区，以保护具有国家或国际重要意义的自然资源和人文资源及其景观为目的，兼有科研教育、游憩和社区发展等功能，是实现资源有效保护和合理利用的特定区域"；唐芳林认为"国家公园是由国家划定和管理的自然保护地，旨在保护有国家代表性的自然生态系统的完整性和原真性，兼有科研、教育、游憩和社区发展等功能，是实现资源有效保护和合理利用的特定区域"；欧阳志云等认为"国家公园为保护具有国家代表性的自然生态系统、自然景观和珍稀濒危动植物生境原真性、完整性而划定的严格保护与管理的区域，目的是给子孙后代留下珍贵的自然遗产，并为人们提供亲近自然、认识自然的场所，是国家自然保护地的主体。国家公园与自然保护区、物种与种质资源保护区、自然遗迹保护区、生态功能保护区、自然景观保护区等自然保护地共同构成我国自然保护地体系，是保障国家生态安全的基础"。至此，中国国家公园的定义不论在法律上还是学术上均未形成统一的认识。

2017年9月，在中共中央办公厅、

国务院办公厅印发的《建立国家公园体制总体方案》中，对国家公园给出了明确定义：**国家公园是指由国家批准设立并主导管理，边界清晰，以保护具有国家代表性的大面积自然生态系统为主要目的，实现自然资源科学保护和合理利用的特定陆地或海洋区域。**

2019年6月，在中共中央办公厅、国务院办公厅印发的《关于建立以国家公园为主体的自然保护地体系的指导意见》中，进一步定义：**国家公园是指以保护具有国家代表性的自然生态系统为主要目的，实现自然资源科学保护和合理利用的特定陆域或海域，是我国自然生态系统中最重要、自然景观最独特、自然遗产最精华、生物多样性最富集的部分，保护范围大，生态过程完整，具有全球价值、国家象征，国民认同度高。**以上两个文件的定义，基本确立了我国国家公园在维护国家生态安全关键区域中的首要地位，确保国家公园在保护最珍贵、最重要生物多样性集中分布区中的主导地位，确定国家公园保护价值和生态功能在全国自然保护地体系中的主体地位。国家公园建立后，在相同区域一律不再保留或设立其他自然保护地类型。

二、中国国家公园包含三层含义

建设目的 建立国家公园的目的是"保护具有国家代表性的大面积自然生态系统"，这也是国际上通行的国家公园建设目标。

坚持生态保护第一。建立国家公园的首要目的是保护自然生态系统的原真性、完整性，始终突出自然生态系统的严格保护、整体保护、系统保护，把最应该保护的地方保护起来。国家公园坚持世代传承，给子孙后代留下珍贵的自然遗产。

坚持国家代表性。具备资源的国家代表性，拥有、具有国家或国际意义的核心资源，是国家公园建设可行性的基本条件之一。国家公园具有极其重要的自然生态系统，又拥有独特的自然景观和丰富的科学内涵，国民认同度高。

坚持全民公益性。国家公园坚持全民共享，着眼于提升生态系统服务功能，开展自然环境教育，为公众提供亲近自然、体验自然、了解自然以及作为国民福利的游憩机会。鼓励公众参与，调动全民积极性，激发自然保护意识，增强民族自豪感。

管理形式 "国家公园是指由国家批准设立并主导管理"意味着我国的国家公园由中央人民政府批准、国家所有、国家投入、国家管理，是中央事权的体现，也是国家公园全民公益的保障。国家公园以国家利益为主导，坚持

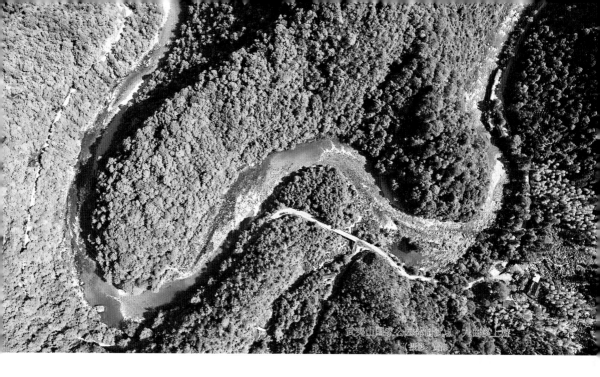

武夷山国家公园桐木村库 九曲溪上游
（摄影：詹姆）

国家所有，具有国家象征，代表国家形象，彰显中华文明。

多功能 "实现自然资源科学保护和合理利用"阐明了我国的国家公园具有多功能性，在保护的基础上实现资源的合理利用，最终实现人与自然的和谐共处与发展。国家公园在围绕"保护"为第一要义的基础上要多功能：提供具有调节性的生态系统服务；为居民和当地社区带来利益，实现公园与社区发展；区域提供娱乐的机会，实现国家公园游憩功能；开展科研活动，进行与自然保护地价值相关和一致的生态监测工作，实现国家公园科研功能；提供教育机会功能。

我国长期处于发展中国家的现状决定了如果处理不好保护与发展的关系，将使两者长期处于矛盾和对立阶段，所以我国国家公园除了具有国际上国家公园的共同特征外，又具有明显的中国特色。

更加注重自然生态系统保护。生态环境退化的现实决定了我国国家公园必须肩负起国家生态安全屏障的使命。

更加强调整体保护、严格保护，以最大限度保护生物多样性和濒危动植物。

更加强调体系建设，实现重要生态系统保护的有效与长效机制。

更加强调生态保护和消除社区贫困，通过生态补偿和发展生态友好型项目，降低对自然资源的依赖程度，使以国家公园为主体的自然保护地体系和其周边社区居民关系和谐。

总而言之，我们想以四句话来概括中国国家公园的愿景：守得住青山绿水，富得了一方百姓，迎得来八方宾客，对得起子孙后代。

唐芳林

1.2 国家公园的诞生

一、国外的国家公园和自然保护地

19世纪，美国正处于大开发的年代，这场被称为征服大陆的美国西进运动，造成了自然的严重破坏。野蛮的开发受到了自然主义者以及当地土著的抵制，人们在反思中意识到了自然和荒野的价值，并认识到保护自然资源的重要性和必要性。1832年，美国艺术家乔治·卡特林在旅行途中看到加利福尼亚州约塞米蒂谷的红杉巨木遭到大肆砍伐，野牛被猎杀，他甚为忧心地写到"它们可以被保护起来，只要政府通过一些保护政策设立一个大公园，一个国家公园，其中有人也有野生动物，所有的一切都处于原生状态，体现着自然之美"。在这里，国家公园（National Park）的概念首先被提出。

国家公园产生的过程就是人类近代自然保护意识觉醒的过程。1860年开始，美国的一群自然保护运动先驱，特别是自然保护运动的伟大先驱约翰·缪尔看到约塞米蒂的红杉巨木遭到大肆砍伐，积极奔走呼号，终于促成林肯总统在1864年签署了一项公告，将约塞米蒂区域划为政府保留区，成立了世界上第一座大型的自然保护公园，但因其为州立而非国立，因此并不是第一处国家公园。1870年8月，一支有组织的20余人探险队，由美国内战时的将军且曾任国会议员的亨利·瓦虚率领，抵达黄石公园范围，他们发现黄石的美景远超他们出发前的想象。这些探险家写了许多文章，对黄石作了广泛报导，使社会大众产生这样的信念：这壮丽的奇景绝不能步尼加拉瓜瀑布的后尘，沦为私人开发的牺牲品。探险队于是给美国总统写信。1871年，在公众的督促下，美国地形地质测量队派出科学家前往勘查。1872年，美国国会在经过一场激烈的辩论之后，通过《黄石国家公园法案》，并在当年3月1日由时任总统格兰特签署命令，划定大部分位于怀俄明州、地跨怀俄明、蒙大拿、爱荷华三州的8000平方公里土地为黄石国家公园，规定为"为了人民的权益和快乐的公园或游乐场"。这片广大的土地全部禁绝私人开发。至此，世界上第一个国家公园宣告诞生。它第一次将国家公园思想在名称和实质上统一起来，标志着世界国家公园体系建立的开端。

此后，随着工业化进程的加快以及环境保护先行者的觉醒和呼吁，人类逐渐认识到，生物多样性正在逐渐丧失、生态系统作为地球至关重要的机体功能正在逐渐失效，带来的后果对于人类来说将是毁灭性的。美国在自然保护上的成就，带动和影响了许多国家，各国争相仿效。20世纪，特别是第二次世界大战后，全球保护事业发展很快在世界范围内成立了许多国际机构，从事自然保护工作的宣传、协调和科研等工作，如世界自然保护联盟、联合国教科文组织的人与生物圈计划等。而随着生态保护运动的开展，工业化国家居民对"绿色空间"的渴求及世界旅游业的发展等原因，国家公园运动在世界范围内迅速发展，并从单一的国家公园概念衍生出"国家公园与自然保护地体系""世界遗产""生物圈保护区"等相关概念。由于国家公园较好地处理了自然保护与资源开发利用的关系，成为世界上最主流的保护地形式。目前世界上有200多个国家和地区建立了特色各不相同的国家公园、自然保护区等自然保护地。各国建立各类自然保护地的数量和面积，也已成为一个国家文明与进步的标志之一（详见表1-2-1）。

冰岛辛格维利尔国家公园
（摄影：董立超）

非 洲

阿尔及利亚 | 78 | 9

安哥拉 | 14 | 8

贝宁 | 59 | 2

博茨瓦纳 | 22 | 4

布基纳法索 | 96 | 3

布隆迪 | 21 | 3

科特迪瓦 | 255 | 8

喀麦隆 | 49 | 27

中非 | 38 | 5

乍得 | 120 | 4

科摩罗 | 8 | 1

刚果（布）| 33 | 4

刚果（金）| 52 | 9

埃及 | 50 | 3

赤道几内亚 | 16 | 3

斯威士兰 | 14 | 1

埃塞俄比亚 | 104 | 13

加蓬 | 62 | 13

冈比亚 | 12 | 3

加纳 | 321 | 7

几内亚 | 125 | 3

几内亚比绍 | 36 | 6

肯尼亚 | 411 | 23

莱索托 | 4 | 2

利比里亚 | 19 | 10

利比亚 | 24 | 4

马达加斯加 | 157 | 26

马拉维 | 133 | 5

马里 | 30 | 2

毛里塔尼亚 | 9 | 2

毛里求斯 | 44 | 2

摩洛哥 | 321 | 10

莫桑比克 | 44 | 6

纳米比亚 | 148 | 19

尼日尔 | 24 | 1

尼日利亚 | 1000 | 12

卢旺达 | 10 | 3

塞内加尔 | 127 | 6

塞舌尔 | 40 | 4

塞拉利昂 | 50 | 8

索马里 | 21 | 12

南非 | 1580 | 21

南苏丹 | 27 | 10

苏丹 | 23 | 4

多哥 | 92 | 3

突尼斯 | 148 | 17

乌干达 | 712 | 10

坦桑尼亚 | 838 | 17

赞比亚 | 641 | 20

津巴布韦 | 232 | 11

亚太地区

阿富汗 | 12 | 2

美属萨摩亚 | 14 | 1

澳大利亚 | 12476 | 680

孟加拉国 | 51 | 18

不丹 | 21 | 5

柬埔寨 | 45 | 5

库克群岛 | 17 | 1

朝鲜 | 34 | 9

斐济 | 146 | 1

印度 | 672 | 116

印度尼西亚 | 733 | 49

伊朗 | 185 | 16

日本 | 4915 | 31

马来西亚 | 717 | 29

缅甸 | 51 | 3

尼泊尔 | 49 | 10

新喀里多尼亚 | 115 | 8

新西兰 | 5756 | 15

巴基斯坦 | 178 | 14

巴布亚新几内亚 | 57 | 4

菲律宾 | 561 | 36

韩国 | 3420 | 22

萨摩亚 | 85 | 2

所罗门群岛 | 90 | 1

斯里兰卡 | 660 | 17

中国台湾 | 92 | 8

泰国 | 238 | 120

东帝汶 | 46 | 2

汤加 | 50 | 3

越南 | 209 | 32

北美洲

加拿大 | 8255 | 46

美国 | 34075 | 60

极 地

格林兰 | 26 | 1

数据来源：Discover the world's protected areas

表1-2-1 全球主要国家及地区自然保护地和国家公园数据统计表

（统计时间：2016年12月）

欧　洲

奥地利 | 1642 | 26	希腊 | 1288 | 15	挪威 | 3140 | 40	瑞典 | 20453 | 30
白俄罗斯 | 470 | 3	匈牙利 | 878 | 10	波兰 | 3084 | 23	塔吉克斯坦 | 26 | 2
保加利亚 | 2003 | 3	冰岛 | 128 | 3	葡萄牙 | 452 | 1	北马其顿 | 82 | 2
克罗地亚 | 1196 | 8	意大利 | 3903 | 25	罗马尼亚 | 1574 | 13	乌克兰 | 5248 | 8
捷克 | 3860 | 4	立陶宛 | 1118 | 4	俄罗斯 | 11252 | 31	大不列颠及北爱尔兰联合
爱沙尼亚 | 14477 | 5	马耳他 | 323 | 1	塞尔维亚 | 374 | 4	王国 | 11705 | 15
芬兰 | 15075 | 40	黑山 | 56 | 5	斯洛文尼亚 | 2403 | 1	乌兹别克斯坦 | 18 | 2
德国 | 22999 | 16	荷兰 | 462 | 21	西班牙 | 4056 | 15	

拉丁美洲和加勒比地区

安提瓜和巴布达 | 16 | 6	哥斯达黎加 | 165 | 28	牙买加 | 140 | 1	特立尼达和多巴哥 | 44 | 1
阿根廷 | 458 | 36	古巴 | 226 | 14	墨西哥 | 1146 | 67	特克斯与凯科斯群岛 |
阿鲁巴 | 3 | 1	库拉索 | 14 | 6	尼加拉瓜 | 95 | 3	34 | 11
巴哈马 | 54 | 40	多米尼克 | 9 | 3	巴拿马 | 95 | 11	美属维尔京群岛 | 39 | 1
巴巴多斯 | 9 | 1	多米尼加共和国 | 147 | 29	巴拉圭 | 98 | 15	乌拉圭 | 21 | 4
伯利兹 | 120 | 18	厄瓜多尔 | 83 | 12	秘鲁 | 252 | 15	委内瑞拉玻利瓦尔共和
玻利维亚 | 167 | 13	厄尔萨尔瓦多 | 168 | 8	圣基茨和尼维斯联邦 |	国 | 251 | 46
博内尔、圣尤斯特歇斯和	格林纳达 | 49 | 3	10 | 5	
萨巴 | 13 | 2	危地马拉 | 347 | 20	圣卢西亚 | 42 | 2	
英属维尔京群岛 | 88 | 34	海地 | 20 | 15	圣文森特和格林纳丁斯 |	
智利 | 211 | 41	洪都拉斯 | 113 | 25	55 | 1	

西　亚

伊拉克 | 23 | 2	黎巴嫩 | 34 | 4	沙特阿拉伯 | 70 | 3	也门 | 10 | 1

二、中国的自然保护地和国家公园

从1956年我国建立第一个自然保护区——鼎湖山自然保护区以来，我国一直积极地建立各类保护地。截至目前，我国已建立各级各类自然保护地约1万多处，约占国土陆域面积的18%。其中，国家公园体制试点10处、国家级自然保护区474处、国家级风景名胜区244处。拥有世界自然遗产14项、世界文化与自然双遗产4项、世界地质公园39处，数量均居世界第一位。

我国自然保护区的建立

1950年，我国发布《中华人民共和国土地改革法》《关于禁止砍伐铁路沿线树木的通令》《各级部队不得自行采伐森林的通令》，落实了在具体地块（森林、铁路沿线）上的自然保护，成就了自然保护地的雏形，迎来了新中国自然保护的第一缕曙光。1956年，秉志等5位科学家在第一届全国人大三次会议上提出"请政府在全国各省（区）划定天然森林禁伐区保存自然植被以供科学研究需要案"的92号提案，国务院请林业部会同中国科学院和森林工业部研究办理。林业部于同年10月提交了《天然森林禁伐区（自然保护区）划定草案》，提出自然保护区的划定对象、划定办法和划定地区。根据这个草案的要求，全国各地开始划定自然保护区，成立专门管理机构，广东省鼎湖山、福建省万木林、云南省西双版纳等我国第一批自然保护区陆续建立起来。

我国自然保护地经过60多年的努力建设，在维护国家生态安全、保护生物多样性、保存自然遗产和改善生态环境质量等方面发挥了重要作用。但长期以来存在的顶层设计不完善、管理体制不顺畅、产权责任不清晰等问题，与新时代发展要求不适应。

为此，2013年11月，党的十八届三中全会首次明确提出建立国家公园体制，尝试运用国家公园这一新型保护地类型解决我国自然保护地体系方面存在的困境和难题，并将其列为我国生态文明制度改革的重要任务之一，以期有效保护国家重要自然生态系统原真性和完整性，形成自然生态系统保护的新体制新模式，促进生态环境治理体系和治理能力现代化，保障国家生态安全，实现人与自然和谐共生。

2015年，我国正式开始国家公园体制试点工作，中央先后审议通过了三江源、东北虎豹、大熊猫、祁连山、海南热带雨林等5个国家公园体制试点方案；2016年，国家发展改革委先后印发了神农架、武夷山、钱江源、南山、香格里拉普达措、北京长城等6处试点实施方案。到2020年底，全国共有10处国家公园体制试点（北京长城已退出），涉及吉林、黑龙江、甘肃、青海、四川、陕西、海南、福建、湖北、云南、浙江、湖南等12个省份，总面积超过22万平方公里，约占我国陆域国土面积的2.3%。

2018年，党和国家机构改革，组建国家林业和草原局并加挂国家公园管理局牌子，履行统一管理国家公园等各类自然保护地职责。2020年，国家林业和草原局全面启动国家公园体制试点第三方评估验收工作，并组织专家组对评估验收结果进行论证评议。专家组认为，我国国家公园体制试点任务基本完成，为我国建成统一规范高效的中国特色国家公园体制积累了经验，探索了自然生态系统保护的新体制新模式，推动了以国家公园为主体的自然保护地体系建设。

大熊猫国家公园体制试点内绿树葱葱
（摄影：宋心强）

孙鸿雁　李云

1.3 为什么要设立国家公园

前文中介绍到，我国自然保护地经过60多年的努力建设，但长期以来存在顶层设计不完善、管理体制不顺畅、产权责任不清晰等问题，与新时代发展要求不相适应等问题。为完善我国自然保护地体系，解决我国自然资源保护领域长期存在的多头管理、权责不明等一系列管理体制之痼疾，保护我国自然生态系统中最重要、自然景观最独特、自然遗产最精华、生物多样性最富集的部分，维护国家重要生态安全屏障、为全民提供最为优质生态产品，国家公园应运而生。

由于国家公园所包括的具有国家和国际意义的丰富的资源禀赋，自然会带来国家公园的多种功能发挥。国家公园坚持全民公益性，在保护的基础和前提之下，还应发挥其科研、游憩、环境教育、社区发展等功能，培养国民对祖国大好河山的热爱，陶冶身心，产生自豪感，培养国家意识和民族认同意识。国家公园可以成为文化的载体，发挥文化传承功能，国家公园是物质层面的东西，是躯体。自然生态价值是国家公园的核心，其中所包括的景观、文化则是国家公园内涵和价值的组成部分。

中国为什么建立国家公园体制？这并非单指建立国家公园单体或者国家公园单元本身，还包含了以国家公园为推手重构我国自然保护地体系。2018年，党和国家机构改革，将原环境保护部、国土资源部、住房和城乡建设部、水利部、农业部、国家海洋局等部门的自然保护区、风景名胜区、自然遗产、地质公园等管理职责整合，组建国家林业和草原局，加挂国家公园管理局牌子，负责管理国家公园等各类自然保护地。2019年，习近平总书记在致信祝贺第一届国家公园论坛开幕时指出："中国实行国家公园体制，目的是保持自然生态系统的原真性和完整性，保护生物多样性，保护生态安全屏障，给子孙后代留下珍贵的自然资产"。建立国家公园体制是生态文明建设的一项重要内容，它实质上是改革以往多头管理、九龙治水、管理割裂、栖息地破碎化等问题，改变以往以自然保护区为主的保护地体系，构建以国家公园为主体、自然保护区为基础、各类自然公园为补充，产权清晰、系统完整、权责明确、监管有效的保护地体系；辩证处理好生态环境保护与经济社会发展之间的关系，找到保护与发展的制衡点，在保护中实现发展，在发展中实现更好地保护。

因此，建立国家公园的终极目的是以加强自然生态系统原真性和完整性保护为基础，以实现国家所有、全民共享、世代传承为目标；是改革我国现行生态保护体制、理顺管理体制、创新运营机制；是发挥国家公园既能实现国土生态保育又能为国民提供精神文化享受和环境意识教育的功能，为国民提供生态福祉和生态体验，培养爱国情怀和国家意识；是完善我国的自然保护体系，为我们自己也为子孙后代留下珍贵的自然资产，为中华民族生生不息提供生态安全屏障。

通过设立国家公园，激发人们尊重自然、顺应自然、保护自然的自觉行动，必将开辟人类永续发展的新境界。

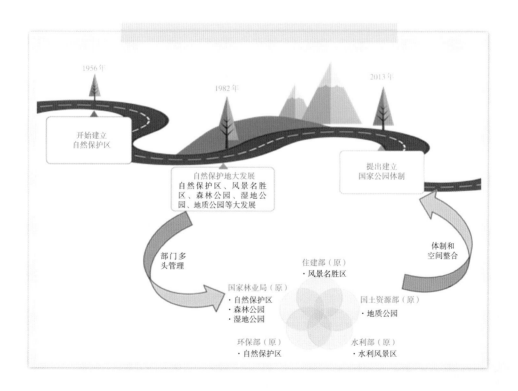

背景阅读：人类与自然

"20世纪人类最伟大的发现，不是相对论，不是热核聚变，而是对人与自然界共生共存、相互依赖关系的反思和认识。"

（1）人类与自然的关系

人类与自然的关系，大体上经历了3个阶段，即从单纯依赖自然发展到利用自然、改造自然，然后转变为在利用自然、改造自然的同时保护自然。这3个阶段的产生，与人类社会的发展、认知的深入以及科学技术的进步有直接的关系，是人类对自然认识不断深化的体现。

原始社会时，人类依赖大自然的恩赐生存，认为大自然是神圣不可侵犯的，山山水水、花草树木都有神灵。主要以采集、渔猎为生，这是一个漫长的历史阶段，约占人类历史的98%以上。在这个阶段，人类对自然的影响很小。

进入阶级社会以后，金属的出现，特别是铁器的应用造就了人类的古代文明，同时也使人类能够大规模地砍伐森林、开垦耕地，加快了对大自然的破坏。18世纪和19世纪末，蒸汽机和内燃机的先后出现，全球工业化飞速发展，人类对大自然的开发利用空前高涨，在以前所未有的速度创造和消费物质财富的同时，对自然资源的消耗和对生态环境的破坏也是空前的。工业革命带来了物质财富的迅速增长，同时所造成的工业污染和资源消耗引发了世界范围内的资源枯竭、环境恶化、自然灾害频繁发生和生物种类数目锐减等问题。

1962年《寂静的春天》（Silent Spring）的出版，唤醒了人们的环境保护意识。人们逐渐认识到生物多样性作为人类生存最重要的物质基础正受到严重威胁，自然保护思想越来越得到公众的认同和支持，人类中心论的自然保护主义逐渐让位于生态中心论的自然保护主义。保护生物多样性成为保护自然或保护地球中一个最重要组成部分。

专栏一:《寂静的春天》

　　《寂静的春天》是美国女作家蕾切尔·卡森的代表作,本书以寓言开头向读者描绘了一个美丽村庄的突变,并从陆地到海洋、从海洋到天空,全方位地揭示了化学农药的危害,是一本公认的开启了世界环境运动的奠基之作。本书在世界范围内引起人们对环境、对农药空前的关注,逐渐地唤起了一部分人类的环境意识,促使环境保护问题被提到各国政府面前,各环境保护组织纷纷成立,从而促使联合国于1972年6月12日在斯德哥尔摩召开了人类环境大会,并由各国签署了《人类环境宣言》,开启了环境保护事业。前美国副总统阿尔·戈尔为《寂静的春天》写的序章中写道:"《寂静的春天》犹如旷野中的一声呐喊,以它深切的感受、全面的研究和雄辩的论点改变了历史的进程。如果没有这本书,环境运动也许会被延误很长时间,或者现在还没有开始"。

专栏二:《生物多样性公约》

　　《生物多样性公约》(Convention on Biological Diversity) 是一项保护地球生物资源的国际性公约,于1992年6月1日由联合国环境规划署发起的政府间谈判委员会第七次会议在内罗毕通过,并于1992年6月5日由签约国在巴西里约热内卢举行的联合国环境与发展大会上签署。公约于1993年12月29日正式生效。常设秘书处设在加拿大的蒙特利尔。联合国《生物多样性公约》缔约方大会是全球履行该公约的最高决策机构,一切有关履行《生物多样性公约》的重大决定都要经过缔约方大会的通过。

　　该公约是一项有法律约束力的公约,旨在保护濒临灭绝的植物和动物,最大限度地保护地球上的多种多样的生物资源,以造福当代和子孙后代。公约规定,发达国家将以赠送或转让的方式向发展中国家提供新的补充资金以补偿他们为保护生物资源而日益增加的费用,应以更实惠的方式向发展中国家转让技术,从而为保护世界上的生物资源提供便利;签约国应为本国境内的植物和野生动物编目造册,制定计划保护濒危的动植物;建立金融机构以帮助发展中国家实施清点和保护动植物的计划;使用另一个国家自然资源的国家要与那个国家分享研究成果、盈利和技术。

生物多样性（Biodiversity）是地球上单细胞生物经过几十亿年生命演化的结果。生物多样性是人类赖以生存、社会保持稳定、经济持续发展的物质基础和有效保证。

《生物多样性公约》第2条中指出："'生物多样性'是指所有来源的形形色色生物体中的变异性，这些来源包括陆地、海洋和其他水生生态系统及其所构成的生态综合体；包括物种内、物种之间和生态系统的多样性"。换句话说，生物多样性是在所有形态、水平和组合中的生命的变异性。它不是所有生态系统、物种和遗传材料的总和，而是生态系统、物种和遗传材料及它们之间的变异性。

生物多样性保护的具体措施主要有就地保护、迁地保护和离体保护三种方式。就地保护，即建立各类保护地，如自然保护区、国家公园、森林公园等；迁地保护，即建立野生动物园和植物园及水族馆等；离体保护，即建立遗传种质资源库、植物基因库等。就地保护是目前全球生物多样性保护的主要途径。

（2）自然之殇

地球至今存在了46亿年，生命诞生于30亿年前，人类出现了约300万年。自人类从自然界诞生以来，人类社会发展的历史就是人与自然相互影响、相互作用的历史。人类从崇拜自然、依附自然，到利用、改造自然，最后控制并支配自然，激化了人与自然的矛盾，加剧了人与自然的对立。自20世纪以来，人口、资源、环境等方面的一系列危机已日渐演化为人类自身严重的生存危机：全球气候变暖、臭氧层破坏、大气污染、水资源缺乏、森林锐减、土地沙化、水土流失、物种灭绝等等。著名历史学家汤因比在其代表作《历史研究》(A Study of History)向世人公布，世界古往今来26个文明，并断言在这26个文明中，5个发育不全，13个已经消亡，7个明显衰落。他深刻地注意到不适当的行为对大自然的毁坏所造成的恶果。在他所论述的26个文明中，衰落的特别是消亡的，都直接或间接地和人与自然关系的不协调、生态文明遭遇破坏有关。诸如玛雅文明、苏美尔文明和复活节岛上的文明等的失落，都是由于人口膨胀、盲目开垦、过度砍伐森林等对资源的严重破坏造成的。目前，人类从地球过渡索取了23%的资源，达到了地球所能承受的极限，以至于出现厄尔尼诺现象、温室效应、沙尘暴、洪水、干旱、地震、沙漠化、SARS、AIDS以及2019年袭击全球的COVID-19新型冠状病毒……大自然不说话，却以自己的方式报复着人类。

▲ 2019年，踏破芒鞋走遍千山万水有幸亲临三江源头。感叹大自然的神奇，目睹大尺度的美丽风光，壮丽的湖泊、奔跑的野生动物、独具魅力的藏族风情。康巴汉子杰桑·索南达杰为了这片故土、为了那些柔弱的藏羚羊献出自己的生命。在这平均海拔4千米以上的高寒之地，人和动物都顽强、优美地生活着，谱写出属于他们的生命之歌。

（图片由三江源国家公园管理局提供）

（3）渴望自然

人们在解决温饱、迈向小康的道路上，逐渐认识到：对待自然的态度既不能妄自菲薄，也不能过于张扬，要充分发挥人的聪明才智，不断升华境界，提高自身的素质，达成"人与自然共同发展"的思想共识，既注意代内需求，更应当关心代际公平，以求得人类能同自然协调和谐，共生共荣。

人们逐渐对幸福的内涵有了新的认识，对与生命健康息息相关的环境问题越来越关切，期盼更多的蓝天白云、绿水青山，渴望更清新的空气、更清洁的水源，渴望"留得住青山绿水，记得住乡愁"。

人们期盼着有这样一块净土：无数的野生植物生长栖息在那里，一群群的野生动物自由的奔跑，壮美的景观充满自然之美，一切还保存着自然的原始状态，多样的文化共存。人们可以按规定的路线观察，在小的范围内体验，人与自然和谐共处。

我们离不开食物，也离不开大自然的美。大自然可以治愈人的伤痛，并赋予人的身体和灵魂以力量。我们对自然之美的渴望，会在壮美的国家公园中得到满足，它是自然界中令人叹为观止的仙境，它集人世间的赞美和欢乐于一身。一方面，它和谐、稳定而美丽，它保护自然、历史遗迹、野生生命，保护园内的一切，为子孙后代尽可能地保留下一份未被人为改变的遗产资源，使其永世长存，世代传承；另一方面，它开放、大气而包容，它为全民打开了一扇领略大美中国的示范窗，以一种能不受损害的方式供全民共享，激发民众敬畏自然、保护自然。

▲ 2018年，5月的普达措，天空还飘着雪。清晨第一个来到园内，满地白雪皑皑，雪地上各种小动物的足迹，从栈道走入湖里，留下串串深浅不一的脚印，整个天、整个地仿佛只有我，整个人陶醉在大自然中……

（图片由香格里拉普达措国家公园管理局提供 摄影：丁文东）

背景阅读：我国传统自然保护理念脉络

自先秦时代至今，我国几千年的文明和根深蒂固的传统文化，使得自然保护成了我们民族的生活方式。随着自然保护思想的不断深化，保护方式也在不断改进和提升。

原始社会时期

先人们的自然保护思想已初见雏形，但基本上是对感性生活经验的总结，比较零星、不系统，缺乏科学的实验基础和理论论证。追根溯源，我国的自然保护思想在原始父系氏族社会时期就已形成。据《礼记·郊牺牲篇》记载："伊耆氏始为蜡"，蜡即大蜡礼，是一种在年终对有功于丰收之神的祭祀仪式。大蜡礼虽然是一种原始的宗教意识，但是它反映了原始人对农作物与其生长环境的认识。

奴隶社会时期

在各大思想家的书籍记载中都能看到原始的自然保护思想。如孔子在《论语·述而》中主张"钓而不纲，弋不射宿"。可见传统儒家思想中就有节制的内涵。荀子在《荀子·王制篇》中对先秦时代自然保护思想的内容和实质做了比较全面的总结："圣王之制也：草木荣华滋硕之时，则斧斤不入山林，不夭其生，不绝其长也。鼋鼍、鱼鳖、鳅鳝孕别之时，故五谷不绝，而百姓有余粮也。污池渊沼川泽，谨其时禁，故鱼鳖优多，而百姓有余用也。斩伐养长不失其时，故山林不童，而百姓有余材也。"《吕氏春秋》中说："竭泽而渔，岂不获得？而明年无鱼；焚薮而田，岂不获得？而明年无兽。"老子《道德经》提出："人法地，地法天，天法道，道法自然"，强调人要以尊重自然规律为最高准则，以崇尚自然、效法天地作为人生行为的基本依归。《庄子·齐物论》也强调人必须遵循自然规律、顺应自然，与自然和谐，达到"天地与我并生，而万物与我为一"的境界。

封建社会时期

公元前221年，秦始皇统一中国。为了巩固封建政权，秦王朝采取了一系列的政治、经济和法律措施。1975年湖北出土秦律竹简，其中《秦律·田律》的竹简就记有秦代的自然保护法令："春二月，毋敢伐木山林及雍堤水。不夏月，毋敢夜草为灰"等。

西汉初年

西汉初年的《淮南子》专门记述了有关资源保护的王法规定，如打猎职能按季节进行，不到十月，捕捉野兽的器具不准在野外和山林摆设；不到五月，不准把捕捉飞鸟的罗网在山谷和水畔张开。

明　代

明代对于自然资源的保护和利用的论述逐渐增多，而且对野生动植物资源的研究也有很多文献记录。例如明代著名的药物学家李时珍，用27年的时间，足迹踏遍我国长江流域和黄河流域采集药物标本，写成了药物巨著《本草纲目》。全书详细记录1800多种药物的生态生物学特征及用途。明代马文升在《为禁伐边山林木以资保障事疏》中记述了我国当时对自然资源的保护情况，"自偏关、雁门、紫荆，历居庸、潮河川、喜峰口，直至山海关一带，延袤数千余里，山势高险，林木茂密，人马不通"。说明15世纪下半叶，我国恒山、五台山、太行山北端、西山、军都山、燕山等地都禁止砍伐树木。

清　代

在《图书集成·方舆汇编·职方典》《永平府遵化州志》等清代地方志中提到了清代时期冀北山地森林茂密，并有灵长类动物成群活动。清代在我国北方设立了一些苑、圃和围场，常筑以围墙，禁止百姓进入，有的还设有专人看管，专供皇家射猎。如建于1681年，作为皇家禁苑清代的木兰围场，前后才存在200多年，遵守"于物诚尽取""留资岁岁仍"的管理思想，对现在的自然保护也都有一定的借鉴意义。

民国和抗日战争时期

在民国和抗日战争时期，当局先后设置了实业部农业司、农林部山林司、农商部农林司、农矿部农务司、农林部林政司等主管自然保护工作。1914年，民国政府公布了我国近代历史上第一部全国性保护管理森林资源的法律——《森林法》，并先后于1932年、1945年进行修订；同年公布的《狩猎法》也是我国近代第一部野生动物保护法。同时，共产党领导下的苏区、革命根据地和解放区，也先后发布过多个保护自然的法令，如土地革命战争时期，中华苏维埃共和国临时中央人民政府总结苏区保护森林的做法和经验，于1934年颁布了《山林保护条例》。抗日战争时期，晋察冀边区人民政府于1939年颁布《晋察冀边区禁山办法》。解放战争时期，晋察冀边区和东北人民政府在1946年相继颁布《森林保护条例》《东北解放区森林管理条例》等。

　　我国历代劳动人民在长期的生产和生活实践中，深刻地认识到封禁地域在保护环境方面的重要性，自发地设立了一些不准樵采的地域，并制定了一些乡规民约来对这些地方进行保护和管理。如许多地方的"风水林""神木""神山""龙山"等，都是为禁止干扰和破坏山林而确定的封禁地域。尽管这些乡规民约在不同程度上带有封建迷信的色彩，但在客观上都起到了保护自然的作用，有些已经具有自然保护区的雏形。劳动人民在长期的农业生产实践中所创造的一些耕作制度和耕作方式，对于防止水土流失、保护自然资源都起到了积极作用，其中最为成功的范例便是丘陵地区和山区的梯田耕作，至今仍为山区农业生产中持续利用自然资源并保持其生态环境的成功范例。

　　纵观我国历史，尽管有许多关于自然保护及合理利用的思想观点，有些甚至已经孕育保护区的雏形，但是终究受到社会制度和科学发展水平的限制，反映了客观规律的先进思想及合理的法令得不到真正地实现。经过了几千年沉淀的自然保护思想是我国自然保护思想史上的宝贵财富，对促进我国生态文明建设依然具有深远的影响和现实意义。

祁连山冷龙岭马牙雪山
（摄影：脱兴福）

李云　孙鸿雁

1.4 中国与国外的国家公园异同点

一、世界自然保护联盟（IUCN）定义的国家公园及其特征

为了促进世界自然保护地的国际交流和对比，对构成自然保护地的要素进行标准化的描述，IUCN根据保护地的主要管理目标，把自然保护地分为严格的自然保护地、荒野保护地、国家公园、自然文化遗迹或地貌、栖息地/物种管理区、陆地景观/海洋景观保护区、自然资源可持续利用保护区六类，并对每种类型进行了定义，提出了各类型的主要目标、显著特征等（表1-4-1）。

表1-4-1　IUCN保护地管理分类体系

分类		名称
第Ⅰ类 （Category Ⅰ）	第Ⅰa类 （Category Ⅰa）	严格的自然保护区（Strict nature reserve）
	第Ⅰb类 （Category Ⅰb）	荒野保护地（Wilderness area）
第Ⅱ类（Category Ⅱ）		国家公园（National park）
第Ⅲ类（Category Ⅲ）		自然文化遗迹或地貌（Natural monument or feature）
第Ⅳ类（Category Ⅳ）		栖息地/物种管理区（Habitat/Species management area）
第Ⅴ类（Category Ⅴ）		陆地景观/海洋景观保护区（Protected landscape/ seascape）
第Ⅵ类（Category Ⅵ）		自然资源可持续利用保护区（Protected area with sustainable use of natural resources）

除了国家公园之外，保护地管理分类体系中的保护地名称都或多或少和该类型的管理目标有一定的相关性。国家公园作为一个专有名词，在分类体系形成之前早已存在，全世界很多现有的国家公园与IUCN定义的国家公园有不同的目标，而且一些命名为国家公园的区域，并不意味着该区域根据IUCN国家公园的原则进行管理，也可能是IUCN保护地体系中的其他保护地管理类型。

1. IUCN 关于国家公园的定义及特点

国家公园是指大面积的自然或接近自然的区域，设立的目的是为了保护大尺度的生态过程，以及相关的物种和生态系统特性。这些自然保护提供了环境和文化兼容的精神享受、科研、教育、娱乐和参观的机会。

首要目标　保护自然生物多样性及作为其基础的生态结构和它们所支撑的环境过程，推动环境教育和游憩。

其他目标　通过对国家公园的管理，使地理区域、生物群落、基因资源以及未受影响的自然过程的典型实例尽可能在自然状态中长久生存；维持可长久生存和具有健康生态功能的本地物种的种群和种群集合的足够密度，以保护长远的生态系统完整性和弹性；为生境需求范围大的物种、区域性生态过程和迁徙路线的保护作出特别贡献；对在国家公园开展精神、教育、文化和游憩为目的的访客进行管理，避免造成严重的生物和生态退化；在不影响国家公园首要保护目标的前提下，考虑土著居民和当地社区的需要，包括基本生活资源的使用；通过开展生态旅游对当地经济发展做出贡献。

显著特征　面积很大并且保护功能良好的生态系统，足够大的面积和生态质量才能维持正常的生态功能和过程，使当地物种和群落在最低程度的管理干预下得以长久繁衍生息。为了实现这个目标，也可能需要对国家公园周边区域进行协同管理作为补充。国家公园生物多样性的组成、结构和功能，在很大程度上应保持自然状态，或者具有恢复到这种状态的潜力，受到外来物种的侵袭风险相对较小。国家公园还应包括主要自然区域以及生物和环境特征或者风景的典型实例，其中本地动物和植物物种、栖息地以及地质多样性特点具有特别的精神、科研、教育、游憩或旅游价值。

在陆地景观和海洋景观中的作用　国家公园提供了大尺度的保护机会，使范围内的自然生态过程能够长久进行，为持续进化提供空间。通过建设大尺度生物廊道或者其他连通性保护计划的关键停歇地，以满足某些无法在单个自然保护地内得到完全保护的物种（生境需求范围大或者迁徙的物种）的需求。国

家公园在陆地和海洋景观中的主要作用如下：

保护在较小面积自然保护地或人文景观中无法实现的大范围生态过程；

保护范围内的生态系统服务功能；

保护某些需要较大活动范围或未受干扰栖息地的特定物种或群落；为这些物种提供一个物种库，使它们能够生存繁衍；

与周边的土地或水的利用整合，为更大范围的保护计划做出贡献；

教育和鼓励访客，使其了解保护项目的必要性和潜力；

支持协调的经济发展，大多数情况下通过游憩和旅游对当地和国家经济，特别是当地社区做出贡献。

国家公园应得到更加严格的保护，其中的生态功能和当地物种组成相对完好；周边的景观可以有较小程度的消耗性的或非消耗性的利用，但应作为理想的缓冲区发挥作用。

2. IUCN 定义下的国家公园与其他自然保护地的不同之处

与第 Ia 类严格的自然保护区相比，国家公园的保护程度没有第 Ia 类严格，可以允许游客进入相关的基础设施建设。但国家公园中经常也设有核心区，对访客的数量进行严格控制，这与严格的自然保护区情况类似。

与第 Ib 类荒野保护地相比，访客对国家公园的访问参观与荒野保护地截然不同，通常具有更多的基础设施（步道、小径和住宿场所等），因此进入的访客数量也相对较大。国家公园设有核心区，对访客的数量进行严格控制，这与荒野保护地的情况类似。

与第 III 类自然文化遗迹或地貌相比，第 III 类自然保护地的管理主要关注某一自然特征，而国家公园则重点关注完整的生态系统维护。

与第 IV 类栖息地 / 物种管理区相比，国家公园主要关注维持生态系统尺度层面的生态完整性，而第 IV 类自然保护地则关注栖息地及个别物种的保护。在实际中，第 IV 类自然保护地的面积多数情况下不足以保护一个完整的生态系统，因此国家公园与第 IV 类自然保护地的区别主要在于面积的不同：第 IV 类自然保护地通常面积较小（如独立的泥沼、一小片林地等），而国家公园则面积很大，至少能够自我维持。

与第 V 类陆地景观/海洋景观保护区相比，国家公园是重要的自然系统，或者正处在恢复过程的自然系统，而陆地景观/海洋景观保护区则指人类与自然长期和谐相处的陆地或海洋区域，目的是为了保护其现有的状态。

与第 VI 类自然资源可持续利用保护区相比，国家公园通常不允许自然资源的使用，除非是为了基本生存或者较小的游憩用途。

二、中国国家公园的特征

2017 年中央出台的《建立国家公园体制总体方案》是我国国家公园体制建设的重要文件，其中对国家公园的理念、定位等进行了明确。

2019 年，中央印发了《关于建立以国家公园为主体的自然保护地体系的指导意见》，明确了国家公园在自然保护地体系中居主体地位，要确立国家公园在维护国家生态安全关键区域中的首要地位，确保国家公园在保护最珍贵、最重要生物多样性集中分布区中的主导地位，确定国家公园保护价值和生态功能在全国自然保护地体系中的主体地位。

本文将中国国家公园的特征总结为以下 10 个方面。

1. 国家代表性

国家公园的资源应具有全球或全国

意义，是自然和人文资源的典型代表。资源条件不具有代表性和典型性的区域不应划为国家公园，且全国的国家公园资源特点应具有异质性。

2. 自然保护属性

我国的国家公园提出了"生态保护第一"的理念，将保护作为国家公园建设的首要目的，以生态保护为主要目的，兼有经济、文化、政治、社会建设等次要特征。

3. 国有性

"国家所有、全民共享、世代传承"是我国建立国家公园体制的重要目标之一。国家公园以国家利益为主导，坚持国家所有，具有国家象征，代表国家形象。国家公园内的土地及各种资源应权属清楚，对于具有高保护价值的集体土地可以采取赎买、置换、长期租用、稳定补偿等形式解决好土地的所有权或使用权。

4. 公益性

国家公园为公共利益而设，为全民提供公共生态产品，能够提供开展精神享受、休闲游憩活动的场所，强调公众教育功能，提倡公众参与。由国家公园产生的生态效益、社会效益，是一种民众的生态福利，国家公园顶级资源产生的感染力能够为民众带来精神文化享受，国家公园展示的高贵品质形象能够让民众产生爱国主义情怀，增强国家认同感。

5. 全民性

国家公园体现全体人民的利益，具有全民性。我国国家公园的主要目标是通过保护生态系统而确保生态产品的公平性，全民性主要体现在生态效益和社会效益方面，而非旅游的全民性。国家公园的游憩是生态旅游而不是大众观光旅游。

6. 政府主导性

国家公园由国家批准建立，国家制定标准，国家立法保障，国家统一布局，地方无权擅自挂牌建立。确定中央与地方事权划分，加大政府投入力度，保障国家公园的保护、运行和管理。

7. 科学性

国家在充分研究的前提下，建立科学的国家公园体系。国家公园的建设应在科学的本底调查基础上开展科学的规划建设，制定科学合理的发展目标，明确管理范围，进行科学的管控分区，并科学制定发挥国家公园各项功能的措施和项目，指导国家公园的健康发展。

8. 可持续性

国家公园需要进行有效的保护管理，持续保护大尺度的生态过程，以及这一区域内相关的物种和生态系统特征，使当代和后代的公民都有享受它们的机会。

9. 非商业性

国家公园不以经济效益最大化为目标，只能对国家公园资源进行非消耗性利用，获取的利益也要回馈社区或者返还作为国家公园保护管理。

10. 生态系统的完整性

国家公园的生态系统应是完整的，其范围不能简单地以行政区划为依据来划定，而应以自然生态系统的完整性作为主要指标来划定，以山系、水系等地理单元为基础，确保完整保护核心资源。

三、中国国家公园与世界国家公园的异同点对比

尽管世界各国对国家公园的定义和管理模式有所不同，但共同点是认同国家公园的自然保护属性，将国家公园作为自然保护地体系中的重要类型之一。从国家公园资源禀赋的角度来看，国家公园主要保护功能良好的生态系统，具有自然状况的天然性和原始性，具有资源的珍稀性和独特性，具有国家代表性；从国家公园功能及目标的角度来看，包括了保护、科学研究、科普（环境）教育、游憩、满足当地社区需要及带动当地经济发展等功能。

与国际上国家公园的特征相比，中国国家公园有鲜明的中国特色。首先，更加注重保护。我国将国家公园定位为自然保护地的最重要类型，实行最严格、最科学、最规范的保护管理，更加注重保护生态系统的原真性和完整性。第一，我国国家公园实行"生态保护第一"和"最严格的保护"具有重要的意义。第二，更加强调体系建设。中国政府具有行政调控能力强、统一行使集体意志的执政优势，能够站在生态文明建设的角度上，从整体上开展以国家公园为主体的自然保护地体系建设，构建保护的有效与长效机制。第三，更加强调生态保护和社区发展相结合。美国、加拿大、澳大利亚等国家在建立国家公园时，都有大片的荒野和无人区，国家公园内人口很少，社区矛盾并不突出。我国人口众多，国家公园等自然保护地基本都分布有或多或少的居民，国家公园内的原住民一部分以行政村的形式聚集，更多的则是不规则分布在国家公园内的自然村落，还有一些游牧民的"冬窝子"或夏季牧场的临时帐篷，呈现出"大分散、小集中"的特点。因而，我国的国家公园更加注重社区和民生建设，在国家公园的建设与保护过程中，科学规划、合理分区，实行差别化的政策和管理措施，把社区居民视为共建伙伴，从而实现"生态美、百姓富"的双赢目标。

王梦君

1.5 中国的国家公园在哪里

由于国家公园较好地处理了自然生态环境保护与资源开发利用之间的关系，成为世界上最主流的保护地形式得以在全球普遍推广。自1872年美国建立世界上第一个国家公园——黄石国家公园之后，历经100多年的发展完善，已被200多个国家和地区认同。从时间发展历程上，我国国家公园建设发展大体可以分为三个阶段：探索试点阶段（1972、1996—2013年）、体制试点阶段（2013—2021年）、建设发展阶段（2021年以后）。

一、探索试点阶段

为了科学有效地保护和可持续利用我国丰富的自然资源，把资源优势转化为经济优势，促进地方经济社会发展。我国台湾和云南分别在1972年和1996年就开始了基于建立国家公园新型生态保护模式的探索研究，在国家公园理念、发展思路、管理模式等方面进行了全面有益的摸索和实践，取得了良好的成效和丰富的经验，有力地推动了中国特色的国家公园建设和发展。

二、体制试点阶段

2013年11月召开的十八届三中全会通过了《中共中央关于全面深化改革若干重大问题的决定》，其中提出"坚定不移实施主体功能区制度，建立国土空间开发保护制度，严格按照主体功能区定位推动发展，建立国家公园体制"。2015年1月，国家发展改革委会同中央编办、财政部等13部委联合确定了在我国云南、青海等9个省份开展国家公园体制建设试点工作，标志着国家层面主导的国家公园体制试点工作正式开始。之后，按照党中央、国务院关于建立国家公园体制工作的统一部署，我国国家公园体制试点工作稳妥有序推进。从2015年开始，我国陆续开展了三江源、东北虎豹、大熊猫、祁连山、海南热带雨林、武夷山、神农架、香格里拉普达措、钱江源和南山等10处国家公园体制试点，共涉及吉林、黑龙江、甘肃、四川、陕西、青海、海南、福建、湖北、云南、浙江、湖南等12个省份，国家公园体制试点区总面积超过22万平方公里，占国土陆域面积的2.3%。

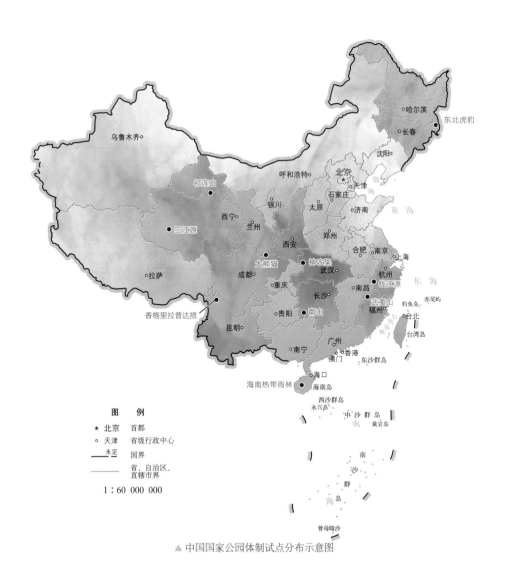

图　例

★ 北京　首都
○ 天津　省级行政中心
———— 未定　国界
———— 省、自治区、直辖市界

1：60 000 000

▲ 中国国家公园体制试点分布示意图

我国10个国家公园体制试点基本情况

三江源国家公园体制试点

位于青海，试点区面积123100km²，2015年开始试点。

保护长江、黄河、澜沧江的发源地以及全世界范围内特有的高寒生态系统。青藏高原重要生态安全屏障；"中华水塔"；藏羚羊、野牦牛、雪豹、黑颈鹤等高原生物富集区。

大熊猫国家公园体制试点

位于四川、陕西、甘肃，试点区面积27134km²，2016年开始试点。

保护我国70%以上的野生大熊猫种群及其栖息地。世界自然遗产地——大熊猫栖息地的核心区；亚热带季风气候区与青藏高寒气候区分界线；青藏高原边缘过渡带，我国重要的生态安全屏障；生物多样性丰富。

东北虎豹国家公园体制试点

位于吉林、黑龙江，试点区面积14612km²，2016年开始试点。

保护和恢复东北虎、东北豹野生种群及其重要的栖息地。是我国东北虎、东北豹野生种群数量最大、密度最高的区域，向内陆扩展的最重要通道；典型的温带森林生态系统。

祁连山国家公园体制试点

位于甘肃、青海，试点区面积50234km²，2017年开始试点。

保护我国西部重要生态屏障和以雪豹为旗舰物种的珍稀濒危物种及其重要栖息地。阻止腾格里、巴丹吉林、库姆塔格三大沙漠南侵；我国西部重要生态屏障和水源地；河西走廊生命线。

海南热带雨林国家公园体制试点

位于海南，试点区面积4403km²，2019年开始试点。

保护亚洲热带雨林和世界季风常绿阔叶林交错带上唯一的"大陆性岛屿型"热带雨林生态系统。我国分布最集中、保存最完好的岛屿型热带雨林生态系统；海南长臂猿的唯一分布区，海南苏铁等热带珍稀濒危特有动植物富集区。

武夷山国家公园体制试点

位于福建，试点区面积1001km²，2016年开始试点。

保护世界同纬度带最完整、最典型、面积最大的中亚热带森林生态系统。"华东屋脊"，典型的中亚热带原生性森林生态系统；以"碧水丹山"为特色的丹霞地貌景观；黄腹角雉、黑麂、金斑喙凤蝶等珍稀濒危物种富集区，是著名的"生物模式标本产地"。

神农架国家公园体制试点

位于湖北，试点区面积1170km²，2016年开始试点。

保护全球中纬度地区保存最为完好的北亚热带森林生态系统，以及以神农架川金丝猴为代表的古老、珍稀、特有物种。"华中屋脊"，北半球最具代表的常绿落叶阔叶混交林生态系统；世界温带植物区系的核心发源地。

香格里拉普达措国家公园体制试点

位于云南，试点区面积602km²，2016年开始试点。

保护我国横断山区"三江并流"核心地带原生的高原森林、湿地生态系统和丰富的生物多样性。包括了金沙江流域典型的高原夷平面、高山喀斯特等独特地貌；完整的古冰川遗迹、封闭型森林—湖泊—沼泽—草甸复合生态系统；我国西南重要生态屏障和横断山生物多样性富集区和热点区。

钱江源国家公园体制试点

位于浙江，试点区面积252km²，2016年开始试点。

保护较为完整的低海拔中亚热带常绿阔叶林生态系统以及钱塘江源头。华东地区重要生态屏障，原真性的亚热带低海拔常绿阔叶森林生态系统；独特的江南古陆强烈上升地及山河相间的地形地貌景观。

南山国家公园体制试点

位于湖南，试点区面积635km²，2016年开始试点。

保护南方低山丘陵森林草坡生态系统。原生性的中亚热带低海拔常绿阔叶林生态系统。中南地区最大的中山泥炭藓沼泽湿地生态系统及冷杉等珍稀特有动植物资源。

三、建设发展阶段

我国国土辽阔，气候多样，地质构造复杂，海域宽广，自然条件复杂，存在着多样独特的生态系统和自然景观，孕育了丰富的生物多样性。为保护我国重要生态屏障，加强自然生态系统原真性、完整性保护，实现国家所有、全民共享、世代传承的目标，需要在系统梳理现有自然保护地基础上，立足我国生态保护现实需求和发展，开展国家公园顶层设计，科学确定国家公园空间布局。

自2018年4月以来，国家林业和草原局会同中国科学院、自然资源部等有关单位，贯彻落实《建立国家公园体制总体方案》《关于建立以国家公园为主体的自然保护地体系的指导意见》，按照国土空间规划布局和生态保护红线管控要求，初步研究提出全国自然保护地体系规划框架。综合考虑我国自然地理格局、生态功能格局以及生物多样性和典型自然景观特征，在全国39个自然生态地理单元（不含港澳台）中遴选出236个国家公园评估区域，在科学论证的基础上，规划布局了一批国家公园候选区，基本覆盖了我国优先保护的生态系统类型和重要的生物多样富集区。国家公园空间布局将充分衔接全国国土空间规划纲要和以"三区四带"为核心的全国重要生态系统保护和修复重大工程总体布局，保护我国自然生态系统中最重要、自然景观最独特、自然遗产最精华、生物多样性最富集的区域。未来，将对标国家公园设立规范，按照成熟一个设立一个的原则，有步骤、分阶段地推进国家公园建设。

宗路平

1.6 中国国家公园与其他类型自然保护地的关系

一、中国特色的自然保护地体系

我国自1956年在广东设立鼎湖山自然保护区（我国第一个自然保护区）以来，已建立数量众多、类型丰富、功能多样的各级各类自然保护地，在保护生物多样性、保存自然遗产、改善生态环境质量和维护国家生态安全方面发挥了重要作用。2018年10月，党的十九大提出"构建国土空间开发保护制度，完善主体功能区配套政策，建立以国家公园为主体的自然保护地体系"。这意味着我国在自然保护领域开启了一次深刻的历史性变革。从时间维度看，中国自然保护运动在生态文明建设新时代直接进入2.0版；从空间维度看，所有自然保护地纳入统一管理，可以有效避免保护地空间规划重叠的问题；在管理体制上，则有望彻底解决部门分治、行政分割的顽疾，改革的力度前所未有。

为加快建立以国家公园为主体的自然保护地体系，提供高质量生态产品，推进美丽中国建设，2019年6月，中共中央办公厅、国务院办公厅印发了《关于建立以国家公园为主体的自然保护地体系的指导意见》（以下简称《指导意见》）。《指导意见》将自然保护地按生态价值和保护强度高低依次分为三类。

国家公园 是指以保护具有国家代表性的自然生态系统为主要目的，实现自然资源科学保护和合理利用的特定陆域或海域，是我国自然生态系统中最重要、自然景观最独特、自然遗产最精华、生物多样性最富集的部分，保护范围大，生态过程完整，具有全球价值、国家象征，国民认同度高。

自然保护区 是指保护典型的自然生态系统、珍稀濒危野生动植物种的天然集中分布区、有特殊意义的自然遗迹的区域。具有较大面积,确保主要保护对象安全,维持和恢复珍稀濒危野生动植物种群数量及赖以生存的栖息环境。

自然公园 是指保护重要的自然生态系统、自然遗迹和自然景观,具有生态、观赏、文化和科学价值,可持续利用的区域。确保森林、海洋、湿地、水域、冰川、草原、生物等珍贵自然资源,以及所承载的景观、地质地貌和文化多样性得到有效保护。

根据《指导意见》,国家将继续制定自然保护地分类划定标准(表1-6-1),

对现有的自然保护区、地质公园、森林公园、海洋公园、湿地公园、冰川公园、草原公园、沙漠公园、草原风景区、水产种质资源保护区、野生植物原生境保护区(点)、自然保护小区、野生动物重要栖息地等各类自然保护地开展综合评价,按照保护区域的自然属性、生态价值和管理目标进行梳理调整和归类,逐步形成以国家公园为主体、自然保护区为基础、各类自然公园为补充的自然保护地分类系统。

表1-6-1 各类自然保护地特征

	国家公园	自然保护区	自然公园
生态系统代表性、原真性	全球价值和国家代表性,原真性最强+++	区域代表性,原真性强++	典型和重要原真性中等+
自然遗迹	丰富、典型+++	较丰富++	较丰富++
景观价值	极高+++	较高或中+	高+++
生物多样性	最富集+++	富集+++	丰富+
生态系统服务功能	最强+++	强++	较强+
文化价值	高+++	中+	高+++
面积范围和作用	大范围完整性、起主体作用+++	范围较大,支撑作用++	面积较小,类型和数量较多,补充作用+
保护严格程度	最严格保护+++	严格保护++	重点保护+
资源利用程度	中+	中+	高+++

特征性程度:最高+++,较高++,中等+。

二、国家公园与自然保护区的关系

作为高价值的自然生态空间，国家公园和自然保护区是生态文明和美丽中国建设的重要载体。从概念上看，国家公园和自然保护区有不少相似之处。

首先，它们都是重要的自然保护地类型，在自然保护方面的目标和方向一致。自然保护地对于生物多样性的保护至关重要，它是国家实施保护策略的基础，是阻止濒危物种灭绝的重要出路。国家公园和自然保护区是最主要和最重要的自然保护地类型，依托它们，可以保存能够证明地球历史及演化过程的一些重要特征，其中有的还以人文景观的形式记录了人类活动与自然界相互作用的微妙关系。作为物种的避难所，国家公园和自然保护区能够为自然生态系统的正常运行提供保障，保护和恢复自然或接近自然的生态系统。

其次，它们都受到严格的保护。国家公园和自然保护区都是以保护重要的自然生态系统、自然资源、自然遗迹和生物多样性为目的，都被划入生态保护红线，属于主体功能区中的禁止开发区，受到法律的保护。

最后，它们都受到统一的管理。国家林业和草原局（国家公园管理局）统一管理国家公园等各类自然保护地。此举彻底克服了多头管理的弊端，理顺了管理体制，在世界范围内都是先进的自然保护地管理体制。

东北虎豹国家公园体制试点　雁鸣晨曦
（摄影：岳希洪）

海南热带雨林国家公园体制试点 吊罗山枫果山瀑布群
（图片由海南热带雨林国家公园管理局提供）

从特征上看，国家公园与自然保护区这对"孪生兄弟"还有不少不同之处。

与自然保护区相比，国家公园的特别之处主要体现在六个"更"，即更"高、大、上"，更"全、新、严"。

"更高"，指的是国家代表性强，大部分区域处于自然生态系统的顶级状态，生态重要程度高、景观价值高、管理层级高；"更大"，指的是面积更大、景观尺度大，恢宏大气；"更上"，指的是自上而下设立，统领自然保护地，代表国家名片，彰显中华形象。

"更全"，指的是生态系统类型、功能齐全，生态过程完整，食物链完整；"更新"，指的是新的自然保护地形式、新的自然保护体制、新的生态保护理念，国家公园在国际上已经有100多年历史，但在中国还是新鲜事物；"更严"，指的是国家公园实行最严格保护、更规范的管理。

国家公园更加强调对自然生态系统原真性的保护，尽量避免人为干扰，维护生态系统的原始自然状态。因此，在基础设施建设方面，国家公园更注重人工设施的近自然设计；在管理理念上，更加开放包容，注重对人的教育和引导，倡导社会公众通过各种渠道参与保护，并积极促进当地社区改变发展方式。未来，虽然一部分自然保护区被整合成为国家公园，但大量的分布广泛的各级自然保护区仍然是自然保护地体系的重要组成部分。自然保护区在过去、现在和将来仍然在自然保护领域发挥着不可替代的作用。

大熊猫国家公园体制试点内熊猫过河
（图片由大熊猫国家公园管理局提供　摄影：唐流斌）

三江源国家公园体制试点（图片由三江源国家公园管理局提供）

此外，国家公园与自然保护区还有以下几个方面的具体区别。

一是设立程序不同　国家公园是"自上而下"，由国家批准设立并主导管理；而过去设立自然保护区则是自下而上申报，根据级别分别由县、市、省、国家批准设立并分级管理。

二是层级不同　国家公园管理层级最高，由中央政府直接行使国家公园范围内全民所有自然资源资产所有权或由中央政府委托相关省级政府代理履行国家公园范围内全民所有自然资源资产所有者职责；自然保护区分为国家级、省级、县级，以地方管理为主。

三是类型不同　国家公园是一个或多个生态系统的综合，突破行政区划界线，强调完整性和原真性，力图形成山水林田湖草沙冰生命共同体后进行整体保护、系统修复；自然保护区根据保护对象分为自然生态系统、野生生物、自然遗迹三大类，以及森林、草原、荒漠、海洋等9个类别。

四是国家代表性程度不同　国家公园是国家名片，具有全球和国家意义，如大熊猫、三江源、武夷山等国家公园体制试点区，有的是世界自然文化遗产地，有的是名山大川和典型地理单元代表；自然保护区不强求具有国家代表性，只要是重要的生物多样性富集区域、物种重要栖息地，或其他分布有保护对象并具有保护价值的区域即可。

五是面积规模不同　国家公园数量少但范围大，从国家公园体制试点来看，最小的钱江源试点区面积有252km^2，三江源试点区则超过12万km^2；自然保护区数量多，面积大小不一，有的很大，有的甚至就是一棵古树、一片树林或者一个物种的栖息范围。

六是完整性不同 国家公园强调生态系统的完整性，景观尺度大、价值高；自然保护区不强求完整性，景观价值也不一定高，主要保护具有代表性的自然生态系统和具有特殊意义的自然遗迹。

七是优先性不同 国家公园是最重要的自然保护地类型，处于首要和主体地位，是构成自然保护地体系的骨架和主体，是自然保护地的典型代表。具备条件的自然保护区可能会被整合成为国家公园，而国家公园则不会转型为自然保护区。

三、国家公园与自然公园的关系

自然公园与国家公园因为都有"公园"而容易被认为是类似的保护地，特别是现在的国家森林公园、国家湿地公园、国家海洋公园等的名称与国家公园更易混淆。国家公园是自然保护地体系中的类型，而国家森林公园、国家湿地公园、国家地质公园等属于自然公园的范畴，"国家公园≠国家森林公园、国家湿地公园、国家地质公园……"，不能将国家森林（湿地、地质）公园等简称为"国家公园"。国家公园、自然保护区、自然公园的保护程度依次降低，国家公园实行最严格保护、自然保护区实行最严格保护，自然公园实行重点保护。

自然公园具有自然保护地的共同特点，又与国家公园、自然保护区有所区别。与国家公园大面积大尺度综合性严格保护，以及自然保护区较大面积的高强度保护的突出特点有所不同，自然公园主要保护特别的生态系统、自然景观和自然文化遗迹，开展自然资源保护和可持续利用。自然公园的面积相对较小，是人类和自然长期相处所产生的特点鲜明的区域，可以是保护生态系统和栖息地、文化价值和传统自然资源管理系统的区域，也可以是保护某一特别自然历史遗迹所特设的区域，具有重要的生态、生物、风景、历史或文化价值。自然公园大部分地区处于自然状态，其中一部分处于可持续自然资源管理利用之中。在保护的前提下，允许开展参观、游览、休闲娱乐和资源可持续利用活动，资源非消耗性利用与自然保护相互兼容，还可以通过非损伤性获取利益促进当地居民生活改善，是开展生态保护、环境教育、自然体验、生态旅游和社区发展的最佳场所。

王梦君

武夷山国家公园体制试点　武夷大裂谷
（摄影：黄海）

第二篇
建立国家公园体制探索

　　2013年11月，党的十八届三中全会首次明确提出建立国家公园体制。2015年，我国正式开始国家公园体制试点工作。2018年，党和国家机构改革，组建国家林业和草原局并加挂国家公园管理局牌子，履行统一管理国家公园等各类自然保护地职责。

2.1 建立国家公园体制的具体内容

2017年9月，中共中央办公厅、国务院办公厅印发了《建立国家公园体制总体方案》，明确将国家公园定位为我国自然保护地最重要类型之一，属于禁止开发区域，纳入全国生态保护红线区域管控范围，实行最严格的保护。国家公园是指由国家批准设立并主导管理，边界清晰，以保护具有国家代表性的大面积自然生态系统为主要目的，实现自然资源科学保护和合理利用的特定陆地或海洋区域。要按照科学定位、整体保护，合理布局、稳步推进，国家主导、共同参与原则，以加强自然生态系统原真性、完整性保护为基础，以实现国家所有、全民共享、世代传承为目标，坚持生态保护第一、国家代表性、全民公益性，理顺管理体制，创新运营机制，健全法治保障，强化监督管理，构建统一规范高效的中国特色国家公园体制。

建立国家公园体制的主要内容包括：

建立统一事权、分级管理体制 建立统一管理机构，由一个部门统一行使国家公园自然保护地管理职责；国家公园内全民所有自然资源资产所有权由中央政府和省级政府分级行使，部分国家公园由中央政府直接行使所有权，其他的由省级政府代理行使，条件成熟时，逐步过渡到国家公园内全民所有的自然资源资产所有权由中央政府直接行使；合理划分中央和地方事权，构建主体明确、责任清晰、相互配合的国家公园中央和地方协同管理机制；建立健全监管机制。

建立资金保障制度 建立财政投入为主的多元化资金保障机制，立足国家公园的公益属性，确定中央与地方事权划分，保障国家公园的保护、运行和管理；构建高效的资金使用管理机制，实行收支两条线管理，建立财务公开制度。

完善自然生态系统保护制度 健全

严格保护管理制度，统筹制定各类资源的保护管理目标，严格规划建设管控，除不损害生态系统的原住民生活生产设施改造和自然观光、科研、教育、旅游外，禁止其他开发建设活动，不符合保护和规划要求的各类设施、工矿企业等逐步搬离，建立已设矿业权逐步退出机制；实施差别化保护管理方式，编制国家公园总体规划及专项规划，合理确定国家公园空间布局；强化国家公园管理机构的自然生态系统保护主体责任，明确当地政府和相关部门的相应责任，严格落实考核问责制度，建立国家公园管理机构自然生态系统保护成效考核评估制度，全面实行环境保护"党政同责、一岗双责"，对领导干部实行自然资源资产离任审计和生态环境损害责任追究制。

构建社区协调发展制度 建立社区共管机制，明确国家公园区域内居民的生产生活边界，相关配套设施建设要符合国家公园总体规划和管理要求，周边社区建设要与国家公园整体保护目标相协调；健全生态保护补偿制度，加强生态保护补偿效益评估，完善生态保护成效与资金分配挂钩的激励约束机制，鼓励设立生态管护公益岗位；完善社会参与机制，引导当地居民、专家学者、企业、社会组织等积极参与国家公园建设管理各环节和各领域。

实施保障 加强组织领导，明确责任主体，细化任务分工，密切协调配合，形成改革合力；在明确国家公园与其他类型自然保护地关系的基础上，研究制定有关国家公园的法律法规，制定国家公园总体规划、功能分区、基础设施建设、社区协调、生态保护补偿、访客管理等相关标准规范和自然资源调查评估、巡护管理、生物多样性监测等技术规程；加强舆论引导，正确解读建立国家公园体制的内涵和改革方向。

——摘录自《建立国家公园体制总体方案》

2.2 国家公园如何规划建设

　　《建立国家公园体制总体方案》提出"制定国家公园总体规划、功能分区、基础设施建设、社区协调、生态保护补偿、访客管理等相关标准规范和自然资源调查评估、巡护管理、生物多样性监测等技术规程。"国家公园总体规划是国家公园科学管理与规范建设的纲领性文件，我国已开展国家公园体制试点工作的10个试点区都分别编制了总体规划。通过调研和分析，10个国家公园体制试点总体规划主要从基础现状条件、总体要求、范围和管控分区、生态保护与修复、科研监测支撑、生态教育和自然体验、社区协调发展、投资估算与效益分析及保障措施等方面进行规划，为国家公园的理论研究和总体规划技术标准的编制奠定了基础。

　　作为国家公园建设管理必不可少的政策工具之一的规划体系列在建设法则中处于首要位置。国家标准化管理委员会于2020年12月22日批准发布了《国家公园总体规划技术规范》（GB/T 39736—2020），该标准规定了国家公园总体规划的一般规定、现状调查与评价、范围界定和管控分区、总体布局、项目体系规划、近期规划和投资估算、环境影响评价和效益分析等原则性、技术性要求等。下面通过解读该标准，谈一谈如何规划国家公园的建设。

一、一般规定

　　《国家公园总体规划技术规范》规定了规划定位、规划原则、规划程序、规划期限、规划目标、规划内容和规划深度等内容。

1.规划原则

科学保护、统筹协调、全面系统、多方参与、切实可行。

2.规划内容

评价现状和建设管理条件，明确问题及解决思路；

确定重要自然生态系统等核心资源的种类、状态、保护价值、分布范围等；

明确国家公园的战略定位、建设性质，保护、建设、管理要达到的目标及主要指标；

界定国家公园边界范围；

确定管控分区与功能区划，进行建设和管理的总体布局；

制定国家公园保护体系、服务体系、社区发展、土地利用协调以及管理体系等规划；

明确近期建设与管理重点；

测算国家公园近期建设项目投资；

进行国家公园保护建设的效益分析和环境影响评价；

提出规划实施的保障措施建议。

3.规划程序

4.规划期

总体规划的规划期一般为15~20年，可根据实际情况合理确定，最长不超过20年，宜与国民经济发展规划期一致。规划期可分近期和中远期不同规划分期，近期规划一般在5年以内。

5.规划目标

总体目标和阶段目标 提出国家公园建设的明确的总体目标，构建国家公园建设和管理目标体系，包括近期和中远期阶段目标。

定性和定量目标 提出国家公园建设的定性和定量目标的范围及要求，制定目标指标表。

规划管理目标 分别提出国家公园在保护体系、服务体系、社区发展、管理体系和土地利用协调等方面的建设规划管理及具体发展目标。

二、现状调查与评价

国家公园现状调查与评价包括以国家公园资源调查为基础，全面阐述国家公园自然资源、人文资源、游憩资源等资源状况及空间分布，以及社会经济条件、建设条件等背景条件，确定核心资源，针对资源价值、社会经济和管理体系分别进行评价，同时对国家公园在保护、服务、社区发展、管理现状等方面进行综合评价，明确国家公园建设面临的优势和动力、矛盾与制约因素等，以便合理划定范围和管控分区、提出各分项规划具体目标和措施。

资源价值分析：综合分析生态系统特征、资源条件和价值。国家公园自然生态系统应具备原真性、完整性，核心资源具有国家代表性、典型性。

适宜性分析：主要包括面积适宜性、科普教育适宜性、资源管理与合理利用适应性以及类型适宜性。

可行性分析：资源权属清晰，不存在权属纠纷，全民所有的自然资源资产占主体地位或者能够通过租赁、赎买等方式实现自然资源资产统一管理，管理上具有可行性；与国家公园建设目标不一致的已有开发建设项目、工矿能源产业等退出的可行性；当地政府对建立国家公园的支持力度，与国家公园管理机构划分职责的合理性、可行性。

三、范围和管控分区

1.国家公园范围

国家公园范围依据国家公园自然生态系统结构、过程、功能的完整性，地域单元的相对独立性和连通性，保护、利用、管理的必要性与可行性，统筹考虑自然生态系统的完整性和周边经济社会发展的需要，遵循原真性、完整性、协调性、可操作性原则，合理划定边界方案。国家公园范围应有明显的地形标志物，明确的界线坐标，制作公园范围矢量图。

2.国家公园管控分区

国家公园管控分区类型包括核心保护区和一般控制区。

核心保护区 是国家公园范围内自然生态系统保存最完整或核心资源集中分布，或者生态脆弱的地域。可根据迁徙或徊游野生动物特征与保护需求，划建一定范围的季节性核心保护区，规定严格管控的时限与范围。应实行最严格的生态保护和管理，除巡护管理、科研监测和经按程序规定批准的人员外，原则上禁止外来人员进入核心保护区，禁止生产生活等人为活动。

一般控制区 是国家公园范围内核心保护区之外的区域。一般控制区内已遭到不同程度破坏而需要自然恢复和生态修复的区域应尊重自然规律采取近自然性的、适当的人工措施促进生态恢复。在确保自然生态系统健康、稳定、良性循环发展的前提下，一般控制区允许适量开展非资源损伤或破坏的人类利用活动。一般控制区的管控具体执行生态保护红线的相关要求。

为了实施专业的精细化管理，国家公园管控区下细分的具有不同主导功能、实行差别化保护管理的空间单元。

一般可分为严格保护区、生态保育区、生产生活区、科教游憩区和服务保障区等。

3.确界定标

明确国家公园边界和各个管控区的界线四至范围，并设置边界和管理区界标志，包括界碑、界桩、标识牌、电子围栏等。同时，国家公园管控区界线标志重点设置在核心保护区边界以及一般控制区内需加强管控的功能区边界。

四、总体布局

按照国家公园保护管理的原则和要求，提出国家公园保护体系、服务体系、社区发展、土地利用协调及管理体系等规划项目在空间和时间上布局的总体设想和要求。项目布局应有效调节控制点、线、面等空间结构要素的配置关系。

五、项目规划

1.保护体系规划

国家公园保护体系主要包括生态保护保育和生态修复等内容。

生态保护保育

生态系统保护：对重要的自然生态系统应制定系统的保护措施，保护其完整性和原真性。构建完善的巡护体系，设置必要的检查哨卡、瞭望塔和视频监控系统。

生物资源保育：对国家公园内的珍稀濒危和本地特有的生物资源，特别是旗舰物种，制定适宜的保护措施。

风景资源保护：对国家公园内天景、地景、水景等自然风景资源全面调查的评价结果，对具有保护和展示价值的自然景观、地质遗迹提出保护规划内容。

人文资源保护：对国家公园内具有重要意义或地方特有的地方风物、历史遗迹、建筑设施、园林景观等人文资源提出保护措施。

环境保护：对大气、水体、土壤、噪声等主要污染源和污染物处理等，提出环境保护规划内容。

防灾减灾：提出防灾减灾规划措施和建设内容，包括构建防控预警体系、完善各类灾害防治设施、建设急救援安全设施、配备野外救护必要装备等，提高防灾及应急救援能力。

生态修复

生态修复应以自然恢复为主，辅以近自然性的、必要的人工措施，主要包括生态系统修复、栖息地恢复。

生态系统修复：遵循自然演替规律，参照顶极生态系统，对正在退化或已遭受破坏的生态系统应根据各自生态系统的特点或退化与破坏程度，提出恢复、修复或重建措施，着力提升生态服务功能，维护自然生态系统健康稳定。

栖息地恢复：主要按照自然规律改善栖息地条件，扩大栖息地范围，建设生态廊道及野生动物廊道，扩大野外种群数量。

2.服务体系规划

服务体系规划包括科学研究、自然教育、游憩体验、解说系统、应急救助及基础工程等内容。

科学研究 根据国家公园生态系统、自然资源等科学研究价值，以及国家公园管理、运行、监测、社区发展等需求，确定科学研究规划内容。搭建科学研究平台。明确制定科学研究管理制度和相关机制。

自然教育 在不影响国家公园资源保护的前提下，按照国家公园管控——功能区划分，明确国家公园内适合开展自然教育的点、线、面的区域。梳理国家公园的自然教育资源科学价值及国家公园保护管理、科研及历史文化等成果，明确自然教育对象，规划设置自然教育设施。

游憩体验 依据游憩资源，确定各类游憩体验活动区域，明确国家公园内允许开展的游憩体验活动类型，科学计算访客容量，确定游憩内容和线路，布局服务基地和服务设施配备。

解说系统 根据国家公园资源综合特色，以访客为中心，围绕自然教育和游憩体验等明确主题定位，确定解说方式和媒介及解说设施设置方案，同时提出解说管理要求。

三江源国家公园体制试点　藏野驴
（图片由三江源国家公园管理局提供）

应急救助 依托国家公园内已建设的防灾减灾、科研教育、游憩体验以及其他基础设施等，在一般控制区设置包括通信设施、救生设施、急救医疗中心等急难救助设施。

基础工程 结合国家公园功能定位和发展目标、访客现状及客源市场分析，确定相应所需的服务基础工程，基础工程包括道路交通、给排水设施、电力电信设施及环卫设施等。结合保护、游憩等相关要求提出对外道路交通和内部道路交通规划；在保障社区和游客需求、最小影响自然环境的前提下对给水设施和排水设施进行规划布局；坚持生态保护第一，避免对国家公园内的生态系统、自然景观、野生动植物及其生境产生不利影响，对电力电信设施进行规划布局；根据游憩服务设施、游憩道路及访客量规划确定垃圾收集、运输、处理和处置方式，明确旅游厕所、垃圾转运设施等环卫设施的位置和标准。

3. 社区发展规划

社区发展规划包括社区格局空间调控、产业引导、社区共管及入口社区建设等内容。

根据国家公园保护管理目标，坚持以人为本的发展理念，与乡村振兴战略、国土空间规划等相关规划充分衔接，重视社区格局的空间调控规划，按照"人、文、地、产、景"五位一体的社区发展体系进行布局。将国家公园与社区视为命运共同体，强调社区主动参与，注重传统文化的传承与发展，规划建立国家公园社区共管机制。鼓励社区营造与美化社区环境，引导传统产业转型和绿色产业发展。结合国家公园周边及国家公园内部空窗区社区自然风貌、人文资源及基础设施现状，建立具有国家公园特色的新型社区。

4. 土地利用协调规划

在统筹国家公园范围内山水林田湖草沙冰等全要素管理的基础上，强化底线管控，对接国家公园生态保护红线，与国土空间规划"一张图"相接，对核心保护区和一般控制区的土地利用现状进行分析，按照土地用途管制要求制定国家公园土地利用规划。

核心保护区强调天然林、生态公益

香格里拉普达措国家公园体制试点 尼汝七彩瀑布
（摄影：丁文东）

林、基本草原、荒漠、湿地、河湖水系、海洋等为主体的自然生态系统和重要生态功能保护，除国家特殊战略需要外，严格限制生态用地向建设用地转化。以国家公园现状存量建设用地、耕地规模和人口总体规模预测等指标为发展上限，逐步减量提质发展，一般控制区细化土地使用要求，重功能完善和结构优化，落实重要生态功能和资源管控要素的系统传导。

5.管理体系规划

管理体系规划包括管理机构建立、人员编制配置、构建管护和监测体系及智慧平台、实施资源利用与特许经营运行机制、明确国家公园管理能力建设要求等内容。

管理机构 国家公园建立统一管理机构，整合国家公园内相关机构提出国家公园管理机构方案，实行层级管理体系，明确管理职责，对国家公园实施统一管理、统一规划、统一保护、统一建设。

人员编制 按照少而精的原则，依据公园管护面积、资源类型、站点布局等因素，整合国家公园管理范围内现有各类自然保护地管理机构人员编制基础上，优化编制配置，科学核定、统筹配置国家公园管理机构人员编制。

管护体系 构建完善的国家公园管护体系，规划管理局址（含分局）、管护站（点）等空间布局。结合国家公园

的科研、监测、游憩、教育等功能场所分设或合建管护站（点），明确各个管护站（点）的管护范围、管护重点，配置必要的管护设施设备。

监测体系 明确国家公园监测体系架构、空间布局、主要监测内容及其指标体系构成，提出不同监测对象的监测方法。

资源利用与特许经营 根据国家公园的管理目标，明确国家公园内可利用的资源的范围、内容、类型，科学提出有偿的利用方式和合理的利用强度。明确国家公园特许经营的项目范围、经营主体和特许内容，提出特许经营的方式，明确由政府经过竞争程序开展非资源消耗性经营项目，建立特许经营测评机制。

智慧平台 建立较为完善的国家公园信息基础设施和配置信息化设施设备，构建可实现公园的信息化、智能化、精细化管理，为公众参与提供方便，有力支撑国家公园的生态保护和全民共享目标的智慧化公园平台。

管理能力建设 根据国家公园的管理目标、建设和运行机制管理要求，为实现自然资源管理全覆盖，实现规范化、标准化、信息化、智能化、精细化的管理，在明确管理能力建设目标和管理人员能力建设基础上实施国家公园管理能力的建设。

蔡芳

2.3 国家公园如何开展保护

国家公园的首要功能是保持重要自然生态系统的完整性和原真性，始终突出自然生态系统的严格保护、整体保护、系统保护，把最应该保护的地方保护起来。

一、国家公园需要保护什么

《关于建立以国家公园为主体的自然保护地体系的指导意见》（以下简称《指导意见》）指出"自然保护地是由各级政府依法划定或确认，对重要的自然生态系统、自然遗迹、自然景观及其所承载的自然资源、生态功能和文化价值实施长期保护的陆域或海域"，而国家公园是"自然保护地的主体"，是我国"自然生态系统中最重要、自然景观最独特、自然遗产最精华、生物多样性最富集的部分"。国家公园主要保护以下几个方面内容。

生态系统 生态系统是在一定空间内共同栖居的所有生物与其环境之间由于不断进行物质循环和能量流动过程而形成的统一整体，我国的自然生态系统主要包括森林生态系统、草地生态系统、荒漠生态系统、苔原生态系统、湿地生态系统、海洋生态系统和淡水生态系统等类型。

自然景观 自然景观是指具有审美特征的自然地表景色。在自然地理学中，是指一定区域内由地形、地貌、土壤、水体、植物和动物等所构成的综合体；在生态学中，是指由相互作用的拼块或生态系统组成，以相似的形式重复出现的一个空间异质性区域，是具有分类含义的自然综合体。自然景观主要包括地文景观、水文景观、生物景观、天象和气候景观等。

自然遗产 从美学或科学角度看，是具有突出、普遍价值的由地质和生物结构或这类结构群组成的自然面貌；从科学或保护角度看，是具有突出、普遍价值的地质和自然地理结构以及明确规定的濒危动植物物种生境区；从科学、保护或自然美角度看，是具有突出、普遍价值的天然名胜或明确划定的自然地带。

生物多样性 生物多样性是生物（动物、植物、微生物）与环境形成的生态复合体以及与此相关的各种生态过程的总和，包括景观多样性、生态系统多样性、物种多样性和遗传多样性。

二、国家公园怎么开展保护

《指导意见》从管护、巡护、防护及保护和恢复等方面对自然保护地的保护提出了相关要求，指出"以自然恢复为主，辅以必要的人工措施，分区分类开展受损自然生态系统修复；建设生态廊道、开展重要栖息地恢复和废弃地修复；加强野外保护站点、巡护路网、监测监控、应急救灾、森林草原防火、有害生物防治和疫源疫病防控等保护管理设施建设，利用高科技手段和现代化设备促进自然保育、巡护和监测的信息化、智能化。配置管理队伍的技术装备，逐步实现规范化和标准化。"

钱江源国家公园的原始森林
（图片由钱江源国家公园管理局提供，摄影：朱钰丹）

三江源国家公园湿地。
（摄/三江源国家公园管理局）

1.构建管护体系

管护即管理保护，完善的管护体系是国家公园管理和保护工作有效开展的基础。目前，我国国家公园的管护体系主要包括管护机构、管护站点和检查哨卡。

2.构建巡护体系

巡护是在国家公园内，定期或不定期地沿着一定的路线，按要求对自然资源、自然环境和干扰活动进行观察、记录，及时将所发现的情况上报，并及时采取行动制止非法行为的过程，包括日常巡护、稽查巡护和监测巡护等类型。

3.构建防护体系

防护是针对危及国家公园资源尤其是核心资源保存、成长、繁衍的一切因素，如火灾、污染、病虫害、偷采盗猎、外来物种入侵、人为破坏（盗取）文物（地质资源）等而采取封禁、观测、阻隔、检验检疫等预防与治理措施。防护主要包括防火、防灾和病虫害防治等。

根据国家公园主要保护对象的不同，不同国家公园防护工作的重点也有所差异。如大熊猫国家公园体制试点区以森林生态系统和大熊猫为核心资源，且所处区域属地质灾害多发区，其防护工作重点为对疫源疫病、林业有害生物、森林火灾和自然灾害的防控和治理，通过建立疫源疫病防控体系、森林草原防火体系和自然灾害防控体系开展防护工作。

大熊猫国家公园体制试点防护体系建设

① 疫源疫病防控和有害生物防治体系建设工程：配合疫源疫病防控和有害生物防治主管部门，依托中国大熊猫保护研究中心、成都大熊猫繁育研究基地、北京动物园、中国科学院西安分院等相关疫源疫病防控人才、设施和技术，推动成立大熊猫国家公园疫源疫病防控中心。试点期间，在管理分局设置监测点，完善设施设备。开展有害生物普查，建立信息库。建设有害生物防治物资储备库。

② 森林草原防火工程：促进建立森林草原防火联防机制，保护站（点）新建或维修监控塔，建防火器材库，根据需要购置防火监测预警设备、扑救装备和人员装备等。

③ 水土流失综合防治工程：采取封禁、人工造林、种草等措施综合治理水土流失。

④ 地质灾害综合防控工程：配合开展地质灾害调查评估和监测预警，实施地质灾害治理工程项目，加强地质灾害防治工作。针对地质灾害生态修复成果以及新增的各类山地次生灾害，开展林草植被保护、补植补造和山体生态修复。

4. 开展生态环境治理

生态环境是"由生态关系组成的环境"的简称，是指与人类密切相关的，影响人类生活和生产活动的各种自然力量或作用的总和，是关系到社会和经济持续发展的复合生态系统。国家公园生态环境治理根据存在的生态问题主要开展包括水环境、空气环境和土壤环境等方面的治理。

钱江源国家公园体制试点区生态环境治理

开展美丽乡村建设，结合《开化县高水平推进农村人居环境提升三年行动方案》，全面开展钱江源国家公园内各村生态环境卫生集中整治，实现"三清三改"（清垃圾、清塑料、清废弃物、改造道路、改造厕所、改进垃圾处理方式），实现"三有"（户有垃圾存放桶、村有垃圾收集站、乡有垃圾中转站）和"三无"（无暴露垃圾、无卫生死角、无乱堆乱放）目标。同时，开展农村居民分户式生活污水处理系统设施建设，减少区域面源污染。

5. 开展生态系统保护与恢复

目前我国国家公园体制试点建设主要以陆地生态系统为依托，保护工作集中于对森林生态系统、河流湖泊湿地生态系统、草地生态系统和荒漠生态系统的保护与修复。

生态系统保护与修复

　　森林生态系统的保护与修复工作根据生态系统受干扰及破坏程度不同而采取不同措施：对于生态系统原真性较高的区域，主要通过实施天然林保护、长江防护林体系建设、退耕还林等重大生态工程，坚持自然恢复为主，人工修复为辅；对于生态系统脆弱和植被有一定程度破坏的区域，主要采用封山育林、补植等手段逐步恢复森林植被，或采取抚育改造、补植改造、促进更新、封禁育林等措施实施低效林改造，调整优化林分结构，增强森林健康和可持续发展能力；对生态系统发生检疫性有害生物危害的区域，及时采取防控或清除措施。

　　河湖湿地生态系统保护修复以维持其自然状态为主，通过采取人流限制、遥感监测、定期巡护等措施，推进水资源合理开发与保护，强化江河源头、岸线原貌和水源涵养区生态保护。对已破坏的区域，开展小水电站清理、水污染治理、水土流失治理、湿地植被恢复等工程，逐步恢复原有生态功能。同时，加强山洪灾害防治和预警预报系统建设，通过加固堤防、清淤，修建护岸等措施，提高防灾减灾能力。

　　草地生态系统保护修复根据国家公园管控分区的不同实行差别化管控：在核心保护区采取禁牧封育、退牧还草措施；在一般控制区实行草畜平衡、轮牧休牧等综合措施，合理测算各类草原的载畜承载力，撤除草场的网围栏，恢复草地生态系统。对鼠害严重、植被退化严重的草地，采取生物措施和工程措施结合实施恢复治理。

　　荒漠生态系统的保护与恢复主要通过强化封禁保护，划定沙化土地封禁保护区，禁止除巡护、科考外的一切人为活动。在核心保护区的沙化地，不进行人工干预，维持自然状态；在一般控制区沙化地，则采取适当人工措施，促进植被恢复。

三江源国家公园体制试点生态系统保护和恢复

三江源有着草原、森林、河流、湖泊、湿地、荒漠等各类生态系统，山水林田湖草沙冰构成三江源生命共同体，共同维护生态系统整体功能的发挥。由于三江源国家公园包括了除苔原生态系统和海洋生态系统外我国所有的生态系统类型，其生态系统的保护与恢复在我国国家公园体制试点中具有明显的典型性。

① 禁牧补助和草畜平衡管理工程：执行农业部、财政部《关于印发＜新一轮草原生态保护补助奖励政策实施指导意见(2016—2020年)＞的通知》规定，严格实行草畜平衡，以自然恢复为主，对生态系统结构遭受破坏的区域，适当采取黑土滩治理、草原鼠虫害综合防治、精准休牧、转变畜牧业生产方式等人工干预措施，促进正向演替。

② 河湖和湿地生态系统保护工程：对所有河湖实行严格保护，保障栖息地不受人为干扰；开展澜沧江流域治理示范工程，开展河湖、湿地、水流生态补偿试点。

③ 森林灌丛生态系统保护工程：全面实施封山育林，落实林业生态补偿。

④ 荒漠生态系统保护工程：扩大沙化治理规模，对中轻度沙化土地采取封沙育林、育草等措施，对重度沙化土地采取复合治沙等措施。

6.开展物种多样性保护

生物多样性包括景观多样性、生态系统多样性、物种多样性和遗传多样性。除生态系统外，国家公园的生物多样性保护重点关注物种多样性保护。通常来说，物种多样性保护主要采取就地保护、迁地保护、离体保护、放归野外等方式开展。

（1）就地保护

是指以各种类型的自然保护地的方式，对有价值的自然生态系统和野生生物及其栖息地予以保护，以保持生态系统内生物的繁衍与进化，维持系统内的物质能量流动与生态过程。就地保护是生物多样性保护中最为有效的一项措施，是拯救生物多样性的必要手段。

三江源国家公园体制试点 藏羚羊迁徙
（摄影：罗伟雄）

建设国家公园就是一种重要的就地保护模式。在实际管护中，为有效保护野生动植物种群，国家公园范围划定时在充分考虑生态系统的完整性基础上，需充分考虑珍稀濒危动植物尤其是旗舰物种的分布及栖息地情况，将其适宜分布区和潜在分布区全部纳入保护范围，通过采取针对性措施对野生动植物种群及其栖息地进行保护和恢复，并将集中分布区纳入严格保护区进行严格保护，保证其正常生存繁衍的空间需求。同时，通过野生动物生态廊道建设，促进和维持孤立栖息地斑块之间生境的连接，使物种能通过廊道自由扩散、迁徙，增加物种基因交流，防止种群隔离。

东北虎豹国家公园体制试点就地保护模式

东北虎豹种群保护

① 清山清套：采用SMART巡护模式，持续开展清山清套集中整治活动，每年2~4次，对公园内的套子、夹子等猎捕工具进行拉网式清理。

② 人居物理隔离：在东北虎豹经常出没的人口集中居住区，通过在村庄周围设置生物隔离带、必要保护围网等设施将村庄保护起来，建设堡垒村。

③ 野生动物应急救护：建设东北虎豹救护站，对东北虎豹野外伤病个体进行救护，实现标准化的"野外救护—治疗—康复—野化—严格评估—放归自然"综合救护程序。

④ 加强东北虎豹种群调查与监测：充分利用现有的调查技术和设备资源，对野生东北虎豹种群进行调查与监测，准确掌握国家公园野生东北虎豹活动规律、时空分布和种群动态及变化趋势并绘制出详细的分布图。

东北虎豹栖息地保护和修复

① 东北虎豹猎物种群复壮：通过东北虎豹猎物栖息地修复、猎物繁育野化基地建设及补饲点和盐碱场设置等方式增加猎物种群数量，保证东北虎豹有充足的食物来源。

② 近自然林培育：通过乔灌草复合经营和封山育林措施，保护和恢复东北虎豹分布区森林资源，提高东北虎豹栖息地质量。

③ 清收土地还林：通过宜林地改造、撤并林场植被恢复、废弃工矿用地生态修复和退耕还湿等措施，扩大东北虎豹适宜栖息地面积。

东北虎豹迁徙廊道建设

开展中俄边境线生态廊道建设和扩散生态廊道建设，对园区内已建和拟建的公路、铁路等工程设施，充分考虑动物通行需要，通过修建高架桥、地下公路和过街天桥等方式，为东北虎豹等动物留出通道。同时，在铁路、公路隧道上方加强森林植被修复，确保廊道有效可用。

（2）迁地保护

又叫作易地保护，是指将生存和繁衍受到严重威胁的物种迁移到适宜的地方，加以人工管理和维持稳定种群的一种管理措施，是对就地保护的补充。一般情况下，当物种原有的栖息地被自然或者人为因素破坏甚至不复存在，或物种的种群数量极低时，迁地保护成为保护物种的重要手段。通过迁地保护，可以深入认识被保护生物的形态学特征、系统和进化关系、生长发育等生物学规律，从而为就地保护的管理和监测提供依据，为其种群重建奠定基础。

国家公园建设中通常通过珍稀濒危野生动物繁育基地、珍稀濒危植物苗圃等方式对野生动植物开展保护。

大熊猫国家公园体制试点迁地保护模式

开展人工繁育基地建设

① 完善繁育基地建设，改善圈养环境条件，扩大主食竹基地，更新繁育和科研设施设备，提高圈养大熊猫繁育质量。

② 加大科学研究力度，改善人工繁育环境，更新繁育护理、遗传信息库、疾病防控等相关设施设备，保障人工种群存活率、行为多样性和遗传多样性。

（3）离体保护

是指利用现代科学技术，将生物体的一部分进行长期低温贮存以保持物种的种资资源。其中，种质资源是指包含生物全部遗传信息、决定生物各种遗传性状和特征的资源，在科学研究和生产实践中，种质资源泛指包含生物全部遗传信息的繁殖体材料，如植物的种子、花粉、组织培养物，动物的生殖细胞、胚胎、组织、血样和微生物菌种。

国家公园建设中通常通过建立种质资源库对野生动植物的种质资源进行保护，根据保护对象和目标的不同，种质资源库可包括种子库、植物离体种质库、DNA库、微生物种子库、动物种质库、信息中心和植物种质资源圃等。

大熊猫国家公园体制试点大熊猫种质资源保护模式

建立野生大熊猫个体基因数据库：依托全面调查、专项调查和巡护监测等工作，收集能用于DNA检测的大熊猫粪便、毛发等样品，分批次进行处理并提取DNA检测，逐渐收集并掌握全部野生大熊猫个体遗传多样性信息，建立野生大熊猫个体基因数据库，使野生大熊猫保护管理在种群数量与结构、物种分布、遗传编码等方面实现分子水平跨越。

（4）放归野外

是指将救护或人工繁育的野生动物经野化训练后重新放归其适宜生境，以促进野生动物种群数量复壮的方式。

国家公园建设中，放归野外是野生动物尤其是珍稀濒危野生动物种群恢复的重要手段之一，如大熊猫国家公园的野化培训和放归基地及海南热带雨林国家公园的海南坡鹿野放基地。

海南热带雨林国家公园体制试点海南坡鹿野外种群复壮措施

海南坡鹿野放基地建设：海南坡鹿是中国海南特有亚种，仅分布于我国海南岛，被列为国家一级保护野生动物和《濒危野生动植物物种国际贸易公约》（CITES）附录I物种，同时被列为极危物种。目前海南坡鹿仅集中分布于大田、邦溪等少数区域。为恢复野外种群，海南热带雨林国家公园在猴猕岭区域建立海南坡鹿野放基地，逐步扩大其栖息地。对放生种群进行实时定位监测，定期评估其食物资源及生存状况，及时采取必要的人工干预措施。

海南坡鹿
（图片由海南热带雨林国家公园管理局提供）

罗伟雄

2.4 国家公园如何实现社区共建共享

一、国家公园共建共享机制

社区共建共享的概念源自西方的公民参与理念。随着全社会生态文明意识的提高，这一概念在自然保护地参与式管理实践中得到不断充实和完善。社区共建共享已成为自然保护地管理的国际潮流，也是国家公园管理的一项重要内容。国家公园社区共建共享的目标是促进国家公园自然资源保护与当地社区可持续发展，其实质是国家公园社区与国家公园管理机构作为国家公园的共同利益者，两者沟通协作，共同参与国家公园资源保护、共同享受国家公园发展带来的生态红利。

二、我国国家公园与社区的关系

美国、澳大利亚等国家建立国家公园时，都有大面积的荒野和无人区，国家公园内社区很少甚至没有常住社区，社区问题并不突出。与此相反，我国人口众多，已经设立的国家公园体制试点区内都或多或少分布着一定数量的社区。国家公园是当地社区生存和发展最基本的物质基础和空间载体。社区居民长期生活在国家公园特定地域中，国家公园内的自然资源是当地社区的主要利用对象，也是当地社区生存发展的经济基础。此外，社区依托国家公园区域内的自然环境和传统文化，形成了独特的国家公园社区文化。社区居民与国家公园之间通过经济纽带和文化纽带形成了牢固的情感纽带，使社区居民成为国家公园最深情的建设者、最忠实的守护者、最积极的传承者。

三、国家公园社区共建共享做法

《建立国家公园体制总体方案》专门对国家公园构建社区协调发展作了规定，明确国家公园要建立社区共管机制、健全生态保护补偿制度、完善社会参与机制。通过国家公园与社区的共建共享，充分发挥社区居民的主人翁作用，将社区的发展统一到国家公园建设管理中，引导当地社区建立与国家公园保护目标相一致的绿色发展方式和生活方式，实现国家公园弥足珍贵的自然资源的世代传承和永续利用。

1. 搭建共建共享平台

由国家公园管理机构牵头，与当地政府、社区三方共同建立"社区管理委员会"，作为国家公园共建共享的平台，负责制定社区发展规划、社区资源保护与利用工作计划、经营方案，协助国家公园所在地的政府部门实施社区发展项目，解决社区发展实际问题，处理国家公园与当地社区协作方式、利益分配、矛盾冲突等日常事务的组织和协调工作。

2. 强化社区参与

社区居民的传统生产生活长期依赖国家公园内的自然资源，并在长期生产生活中积累了丰富的保护经验。因此国家公园管理机构要引导社区积极参与国家公园设立、建设、运行、管理、监督等各环节，以及生态保护、自然教育、科学研究等各领域。通过社区深层次、多渠道参与国家公园保护管理实现国家公园的全面共治、全民共享。在国家公园社区参与实践中，社区参与国家公园政策、规划制定，以及参与公益岗位是较为常见的参与形式。

神农架国家公园体制试点区积极引导社区居民参与相关保护管理政策、规划的制定和实施。通过召开座谈会、代表访谈、线上交流等方式，充分征求乡镇政府、村委会（居委会）及社区居民意见，保障社区对规划、政策的知情权、参与权和决策权，实现社区共建共管。神农架国家公园管理局组织编制了《神农架国家公园社区发展规划（2019—2028）》，制定社区发展管理办法，签订资源管护协议，定时召开社区共建共管联席会议，不断完善联席工作机制，为社区发展提供体制机制保障，逐步实现生态保护、社区发展齐抓共管的管理局面。

神农架国家公园体制试点
（摄影：张天星）

三江源国家公园体制试点　生态管护员开展巡护工作

（图片由三江源国家公园管理局提供）

三江源国家公园体制试点区创新推行"一户一岗"生态管护公益岗位，促进社区协调发展。在园区4县各选择1个村，先开展建档立卡贫困户生态管护公益岗位"一户一岗"试点示范，逐步发展，到2018年实现全面覆盖园区内所有牧户。共聘用17211名生态管护员持证上岗，户均年收入增加21600元。通过推行"一户一岗"，使管护的网络覆盖到辖区每个区域，实现对辖区内的远距离巡查管护，最大限度地制止和减少了伤害野生动物和破坏自然资源的违法行为和违法活动。同时，夯实了基层基础，让每户牧民有一个稳定的就业岗位，推动了牧区发展、促进了民族团结、维护了社会稳定。牧民对国家公园的认同大幅提升，从生态利用者转变为生态守护者。

3.扶持产业发展

社区产业发展上，国家公园社区大部分为传统的农业型社区，产业结构大多是以传统种植、养殖业为中心的第一产业为主，二、三产业比例较低，且产业发展的人才和技术支撑不足。国家公园管理机构在产业扶持上应发挥在资金、技术、人才、信息上的优势，引导国家公园社区调整产业结构，在具备发展社区旅游资源条件的社区开展适当的生态旅游活动，打造国家公园旅游特色小镇，通过旅游业的发展带动种植业、养殖业、农产品加工业、服务业等产业的升级换代和融合发展，实现国家公园社区由资源消耗型、环境污染型农业向生态农业、绿色农业转变，由粮食生产型农业向观光体验农业改变，最终实现国家公园社区的产业与国家公园资源保护协调发展。

武夷山国家公园管理局为引导武夷山国家公园社区产业转型升级，结合武夷山社区产业现状和发展需求，专门研究制定了《武夷山国家公园产业引导机制》，提出促进茶产业、竹产业升级转型，推进现代农业发展等5条具体举措。在茶产业升级转型方面，按照"保护生态、提升质量、延伸产业链、增加附加值"的产业转型升级思路，重点在市场推广、品牌创建、产品研发等方面对社区产业进行扶持。

4.开展特许经营

在社区参与国家公园特许经营中，国家公园通常会在经营者选择、经营项目工作人员聘用、资金回馈等方面给予社区一定倾斜，使国家公园的保护成效与社区居民的收益挂钩。在国内外国家公园社区参与特许经营的实践中，社区主要有以下3种参与形式。

社区居民直接受雇于特许经营商，通过投入劳动的方式参与特许经营，是国家公园特许经营最为常见的形式。武夷山国家公园体制试点区公开择优招聘当地社区居民作为生态管护员、哨卡工作人员、竹筏工、环卫工、观光车驾驶员、绿地管护员等。

社区居民也可以以个体户的形式参与特许经营。以神农架国家公园体制试点区为例，神农架林区九湖镇为大九湖湿地原住民搬迁新址，借助移民搬迁和国家公园开展试点的机会，当地超过近1/3的社区居民以个体工商户形式利用自家住宅开办农家乐，为访客提供餐饮、住宿、零售等服务。

除了以上两种形式外，社区居民以个人或合作社、企业等形式参与特许经营也较为常见，由于引进了企业化的运作方式，这种参与模式能够对当地社区产生更深刻的带动作用。

5.实施生态补偿

国家公园以生态效益为主的保护管理目标不可避免地对当地社区发展产生一定影响。生态补偿作为一种能够有效平衡国家公园生态利益与当地经济利益的调节方式，是国家公园社区共建共享的重要形式。目前，我国国家公园的生态补偿形式主要有退耕还林补偿、生态公益林补偿、野生动物肇事补偿、生态移民补偿等多种补偿形式。

香格里拉普达措国家公园体制试点的社区
（摄影：张天星）

武夷山国家公园体制试点区通过多种方式对社区居民进行补偿。制定出台《关于建立武夷山国家公园生态补偿机制的实施办法（试行）》，明确了生态公益林保护补偿、天然商品乔木林停伐管护补助、林权所有者补偿等11项生态补偿内容。开展重点区位商品林收储：在林农自愿的前提下，对重点区位商品林，通过财政赎买进行收储，收储林木参照生态公益林管理，缓解了林农权益

神农架国家公园体制试点 大九湖
（摄影：张天星）

与生态保护的矛盾。创新森林景观补偿：对主景区内7.76万亩（1亩=1/15公顷）集体山林所有者实行补偿，补偿费随景点门票收入增长联动递增。探索经营管控补偿：对1.13万亩毛竹林实行经营管控，每年给予补偿；对9242亩集体人工商品林参照天然林停伐管护补助标准予以管控补偿。

香格里拉普达措国家公园体制试点出台了《普达措国家公园旅游反哺社区发展实施方案》，每年从旅游收益中拿出专门资金，用于当地社区居民的直接经济补偿和教育资助，有效促进了当地社区群众增收和生活水平提升，实现了国家公园与社区的共荣发展。

6. 促进社区全面发展

国家公园社区的全面发展包括社区基础设施改善、人居环境提升、文化建设等多个内容，是国家公园社区共建共享的必然要求，也是国家实施乡村振兴战略和脱贫攻坚的重要内容。

我国已建立的国家公园体制试点都十分重视促进社区发展，各个国家公园根据社区实际，采取了行之有效的扶持措施。三江源国家公园管理局和当地政府共同努力，采取积极措施改善牧民生活环境，解决了高原生活垃圾处理以及清洁能源取暖等问题，既改善了社区居民的生活条件，也减少了对当地环境的不利影响。神农架国家公园管理局则多方争取资金，配合当地政府整合危

神农架国家公园体制试点
（摄影：耿天鹰）

房改造、生态移民、易地扶贫搬迁等项目资金，指导辖区村庄创建美丽乡村，实施乡村庭院美化、亮化、绿化工程，提升道路、供电、通信等基础设施，极大改善了乡村生态环境和发展条件。

四、我国国家公园共建共享展望

从国际上和国内国家公园社区共建共享的理念以及实践经验看，国家公园社区共建共享是世界上多数国家在国家公园建设中形成了广泛共识，已有丰富的经验可供参考。随着国家公园所在地社区保护意识的提升、维护个人权益意识增强等因素，国家公园的共建共享将在更大的区域、更多的国家公园得以实现。

我国作为国家公园建设的后起之秀，在实践基础、发展理念等方面有着自己的特色。今后，应立足国情，继续探索将"绿水青山"转变为"金山银山"的实践路径，在确保生态得到最严格保护的基础上，结合当地资源禀赋和产业基础，引导开展特许经营、绿色食品、森林康养等绿色富民产业，将资源环境优势转化为产品品质优势，用足用好国家公园品牌优势。同时，还应高度重视社区居民生产生活保障问题，探索建立国家公园与原住居民的共管共建机制，不断提升人民群众幸福感、获得感和主动参与度，逐步实现人与自然和谐共生。

随着生态文明建设的不断深入和自然保护地体系的不断完善，社区共建共享将成为以国家公园为主体的自然保护地体系保护管理的有效手段和生态文明建设的新模式，在保护生物多样性、改善生态环境质量和维护国家生态安全上走出有中国特色的社区参与式管理新路径，为全球的自然保护地建设提供中国经验，贡献中国智慧。

张天星

2.5 国家公园如何实现多方参与

《关于建立以国家公园为主体的自然保护地体系的指导意见》指出，我国建立以国家公园为主体的自然保护地体系遵循"政府主导，多方参与"的原则，既要发挥政府在自然保护地规划、建设、管理、监督、保护和投入等方面的主体作用，又需建立健全政府、企业、社会组织和公众参与自然保护的长效机制。

一、国家公园的多方参与

国家公园是自然保护地体系的主体，保护了我国最重要的自然生态系统、最独特的自然景观、最精华的自然遗产、最富集的生物多样性。在国家公园建设和管理的过程中，需要做到坚持生态保护第一、坚持国家代表性、坚持全民公益性，而鼓励和推动开展多方参与，正是国家公园全民公益性的具体体现。在政府主导的前提下，坚持国家公园全民共享，充分调动利益相关者的积极性和主动性，建立多方参与机制，畅通信息沟通渠道，加大国家公园决策透明度和公众参与度，广泛征询多方意见和争取全方位支持。重视国家公园生态产品和生态服务功能发挥，通过自然教育、生态体验为公众提供亲近自然、体验自然、了解自然的机会，激发全面生态保护意识，增强国民对国家优质自然资源的认同和喜爱，提升民族自豪感，形成全社会共建美好生态的良好格局。

二、国家公园如何实现多方参与

1.多方参与的主体

国家公园是以保护自然、服务人民、永续发展为目标，坚持全民所有，既需要得到全民的保护，也要让全民享受到大自然的馈赠。因此，国家公园的建设和管理需要全民的参与，欢迎和鼓励热爱自然，愿意亲近自然、探索自然和保护自然的个人、团体、单位、企业等加入到国家公园的建设、管理和运营中。

2.多方参与的要求

在参与国家公园建设的过程中，参与者不能主观将个体的想法和意志强行附加于国家公园，更多的应该是辅助和配合国家公园的管理方。

清晰自身的定位，不能主观将个体的想法和意志强行附加于国家公园，在遵守国家公园管理有关的法律法规的前提下，享受国家公园提供的生态服务和生态产品。

应当明确国家公园建设需要我们做什么，按照国家公园规划和管理计划要求参与国家公园有关工作。

应当明晰我们能为国家公园做什么和怎么做，在遵循国家公园建设和管理目标、原则和内容的前提下，结合自身

国家公园多方参与的主体

专业知识和能力，按照法定、规范的流程或途径参与到国家公园的建设中。

3.多方参与的内容

国家公园的建设、管理和运营是一个庞大的体系，需要依法依规，实现多层次、多角度的共同参与。国家公园多方参与的内容包括但不限于以下方面。

参与国家公园体制的顶层设计，为有关法律法规、政策制度、技术标准的编制和规范提供意见建议。

参与国家公园保护修复、评估监测、自然教育、生态旅游、社区发展等相关理论体系和技术方法研究，研究成果作为国家公园建设的技术支撑，辅助国家公园管理者决策。

按照国家公园主管部门批复的有关规划和计划要求，有序、稳步做好国家公园调度协调、资源调查、规划设计、管理计划编制、施工建设、管理运营、管护巡护、科普宣教、生态产品和生态服务供给、宣传等有关工作。

感受和体验国家公园之美，获得自然保护的有关知识。

为国家公园建设提供人力、物资、技术等支持。

参与国家公园监督管理工作，对国家公园建设思路、目标、规划等的合法性和合理性，保护利用管理的科学性和有效性，实施措施的规范性和可操作性等实施监督，及时反馈问题和意见，对违法违规问题应当向国家公园管理机构

或行政主管部门汇报或举报。

4.多方参与机制探讨

（1）志愿者参与机制

国家公园管理机构应建立国家公园志愿者服务体系，搭建国家公园志愿者服务平台，制定志愿者的选用标准、申报流程、考核与激励方式等管理规章，积极鼓励热爱自然生态保护，愿意投身国家公园建设的政府部门、企事业单位、社会组织和个人加入志愿者队伍。志愿者参与机制为国家公园实现有效管理和平稳运行提供人员保障，促进国家公园管理效能的提升，同时也让志愿者们在培训、服务的过程中，更深入地了解和体验国家公园的建设理念、实际情况和运营方向，增加对国家公园、自然保护的情感共鸣，整体提升公众对国家公园建设的认同感和支持度。

（2）社会捐赠机制

国家公园建设保护了全民所有的自然资源，也为社会公众提供了高品质、多样化的生态产品和生态服务，具有较强的社会公益性。目前，国家公园建设资金以财政投入为主，用于国家公园相关政策制度研究、规划和计划编制、生态保护补偿、日常运作和管理等，资金需求较大，需要多元化的资金支持。国家公园社会捐赠机制为国家公园的持续运行和发展提供物质支持。

国家公园主管部门组织建设和完善社会捐赠机制，明确社会捐赠的方式和

加入志愿者应该具备的条件探讨

①志愿者单位的运营情况、行业背景、综合实力等符合国家公园志愿者招募要求；

②志愿者个人的身体素质、文化程度、专业素养、知识技能等能够满足国家公园所需服务要求；

③志愿者应当按照国家公园志愿者管理有关规定，参与国家公园管理机构开展的指导和培训，掌握国家公园生态保护、科研监测、教育游憩、社区共管等方面的理论知识及技术技能，通过志愿者考试和测评后，才能正式加入国家公园志愿者队伍；

④科研院所、高校、社会公益组织等可通过签署合作协议的方式加入，个人可按照国家公园管理机构的申报要求进行申报。

志愿者的工作考核

从培训到提供服务，国家公园管理机构全程对志愿者单位和个人的工作成效进行考核及测评。对于考核优秀的志愿者，可颁发荣誉证书，并优先获得国家公园的一些特殊许可，而对于考核不合格者，可按照志愿者退出机制，取消志愿者资格。

途径、操作流程和法律程序，捐赠过程尊重社会捐赠主体的意愿，并将社会捐赠的资金流向、使用情况等定期、及时向公众公开，接受社会监督。

（3）多组织或个人的合作管理机制

各层级国家公园管理机构与社会组织或个人可以通过建立合作关系，就国家公园建设、管理、运行中的各项事务进行交流合作，共同建设国家公园。

建立国家公园合作伙伴制度　与高校、科研院所、工程设计单位等非政府组织达成友好合作关系或战略合作伙伴，使之为国家公园的政策制度研究、系统保护、有效利用等提供技术和科研支持，协助国家公园的管理机构制定高水平的规划与管理决策，实现对国家公

社会捐赠小知识

①捐赠渠道：根据捐赠主体的需求，捐赠渠道可选择冠名捐赠、网络捐赠、现场捐赠等不同方式。

②捐赠物资种类：根据国家公园实体建设需求，捐赠除资金外，还可捐赠国家公园内设施建设需要建材、器械、设备等。

③捐赠物资管理模式：国家公园管理机构建立捐赠物资管理制度，对捐赠项目进行评估和审查，实施捐赠物资来源、数量、去向、反响等的全过程管理，做到捐赠的公开透明，做好社会捐赠的思想引领，推动社会捐赠事业的发展。

园资源管理的科学保护和利用。

国际、国内公益组织参与共建　吸纳国家公园游憩群体、环保组织、旅游商务及贸易群体、对公共政策感兴趣的市民群体和利益相关者，从各个不同角度参与国家公园的管理和运行，为国家公园提供资金、人员、经验等各方面的支持和协助。

开展科研合作　充分利用国家公园的地质地貌、自然生态、人文遗迹等资源，积极与国内外科研院所、大专院校、国际组织等合作，共建国家公园科研监测点、监测站或监测基地，结合各方专业研究方向、科研平台、监测检测设备等开展相关基础研究，建立信息交流平台，为开展国际性科学研究交流合作创造更好的条件。在促进自身科研能力提升、丰富国家公园科研成果的同时，把国家公园建设成为国内外知名的科研、教学、实验、实习的重要基地，扩大国家公园在国内、国际的知名度和影响力，吸引国内外科研和科技力量实现共建。

开展国际自然保护合作　加强与其他国家（地区）自然保护机构、组织和团体，国家公园、自然保护区、保护地等管理机构的交流与合作，建立互访互助机制，取长补短。汲取优秀的管理、保护、自然教育、游憩、资源可持续利用等方面的实施经验，让国家公园的政策制定更全面，管理措施更科学，节省人力、物力、时间和金钱。总结存在的问题和历史教训，尽可能地避免错误的重复和延续，让国家公园少走弯路。

开展生态教育合作　与小学、初高中、青少年教育单位和机构等合作，开展儿童和青少年的生态体验和自然教育活动，鼓励在学生寒暑假开展国家公园冬令营和夏令营活动，带孩子们走进自然、体验自然，学习自然保护、野外防护、动植物等领域的基础知识，增强孩子的身体素质和野外生存能力，锻炼表达和沟通能力，让孩子们在互帮互助、共同学习探索的过程中敬畏自然、热爱自然。

（4）其他参与机制

多方参与的模式和机制没有统一的规范和定式，根据国家公园发展的目标，结合社会公众物质、文化、精神的需求，以共赢共建为原则，积极探索和创新更多的国家公园参与机制。以国家公园的生态产品和生态服务引起社会大众的共情，让不同年龄层、不同行业的人认可国家公园、以国家公园为傲、爱上国家公园，共同加入国家公园的建设、管理和运营，也让国家公园的保护得到更广泛的关注，获得更多技术和资金的支持，形成良性的多方参与共建机制。

三、国家公园体制试点的多方参与探索

东北虎豹国家公园体制试点的国际合作机制

东北虎豹国家公园管理局与俄罗斯豹地国家公园管理局签署了《虎豹保护合作谅解备忘录》和《2019—2021年联合行动计划》等合作协议，加强在东北虎豹科学研究、生态监测、环境教育和生态体验等领域合作。与国际野生生物保护协会（WCS）、自然资源保护协会（NRDC）等国际组织和美国、俄罗斯、韩国等国外保护机构建立沟通合作机制，合作开展宣传培训、SMART巡护、考察调研等活动。连续多年与世界自然基金会（WWF）等国际组织联合开展巡护员竞技赛和巡护员培训班，有力提升了东北虎豹国家公园的影响力和巡护员的业务水平。

祁连山国家公园体制试点的生态公益岗位聘用

祁连山国家公园甘肃片区将现有草原、湿地、林地管护岗位统一归并为生态管护公益岗位，共聘用生态护林员2425名，村级草管员1036名。青海片区结合精准扶贫设立管护员，共聘用1014人；各县根据各自实际情况设置了专职管护员、义务监督员、宣传员等社会服务公益岗位。既增强了国家公园的管护力量，又为当地居民提供了就业机会，促进生态保护与民生改善的协同发展。

大熊猫国家公园体制试点的园区与社区共建共管机制

大熊猫国家公园加强园区与社区合作，引导社会公众广泛参与国家公园建设，探索整合"保护区＋当地政府＋社会公益组织＋村两委＋村民代表"的合作机制，建立社区"共建共管委员会"，搭建起保护区、社区与社会组织的桥梁。协调非政府组织（NGO）扶持社区发展、企业参与社区生态产业的发展，选派驻村干部实现管理上互通互融，让保护管理理念融入村社的集体行动，通过明确共管委员会职责和具体工作内容，树立保护区与社区共同发展目标。

余莉

2.6 国家公园如何开展科学研究

一、国家公园具有极高的科研价值

国家公园不仅具有极高的生态保护价值，同时具有极高的科学研究价值，科研功能是国家公园在自然生态系统的完整性、原真性保护前提下兼具的重要综合功能之一。《关于建立以国家公园为主体的自然保护地体系的指导意见》明确提出"要加强科技支撑，国家在设立重大科研课题对国家公园等自然保护地的关键领域和技术问题要系统研究和论证，促进科技成果转化"，为国家公园怎样开展科学研究指明了方向。

二、我国国家公园体制试点的科研工作进展

我国建立的10个国家公园体制试点内生态资源不仅在我国具有极高的代表性，甚至在维护全球生态安全方面也具有重要的作用，为科学、合理利用和保护国家公园内的自然资源，针对国家公园自然资源特点和生态系统特殊性开展具有针对性的科学研究，以科研成果服务于国家公园建设的各个环节，包括国家公园自然资源本底调研、边界与功能区划定、总体规划与各类专项规划和管理监测等方面，使国家公园建设具有科学性。目前国家公园开展的相关科研工作包括建立自然资源监测体系、打造科研基地、开展科考等科研项目等。

1. 自然资源监测体系

自然资源监测体系是国家公园管理部门获取国家公园内自然资源数据的基础手段，是国家公园管理部门作出重大决策的基础依据，对维护国家公园运行具有重要的作用。因此，各国家公园管

理部门根据其核心资源保护监测需求，建立了监测体系（详见"2.7 国家公园如何开展自然资源监测"）。

2. 科研基地建设

为切实提高国家公园内自然资源的科研价值，吸引国内外高水平科研团队到国家公园开展科研工作，更好地了解国家公园自然资源状况，提高国家公园管理水平，促进国家公园自然资源的科学、合理利用，实现国家公园可持续发展，国家公园管理部门建设了不同类型的科研基地。

（1）东北虎豹国家公园体制试点

东北虎豹国家公园体制试点在延边大学珲春校区内建设野外研究基地，包括东北虎豹生物多样性国家野外科学观测研究站、东北虎豹监测与研究中心、东北虎豹国家公园保护生态学重点实验室和东北虎豹国家公园研究院4个平台。

（2）祁连山国家公园体制试点

祁连山国家公园体制试点建立长期科研基地，与中国科学院西北高原生物研究所、甘肃省测绘局、甘肃省气象局签订战略合作协议，与中国林业科学研究院、北京林业大学合作开展雪豹等珍稀物种科研监测项目等，以建立重点区域野生动物及各类生态系统监测体系为重点，着力构建"宏观监测—地面调查—定位监测"天空地一体化的综合监测系统，不断提升祁连山国家公园科研监测能力。

（3）钱江源国家公园体制试点

钱江源国家公园体制试点通过建立科研基地，吸引高水平研究团队深入国家公园内开展相关科研工作，并保留原古田山国家级自然保护区与中国科学院植物研究所、生态中心建立的科研基地，继续开展科研活动，相继建设完成4个科研平台，包括森林动态样地监测平台、生物多样性与生态系统功能实验平台、网格化生物多样性综合监测平台和林冠生物多样性监测平台。

（4）神农架国家公园体制试点

神农架国家公园体制试点以金丝猴和生物多样性保护研究为核心，建立了从物种到生态系统的理论基础、核心技术和应用示范的综合性科研平台，包括建立了国家林业和草原局神农架金丝猴研究基地、神农架金丝猴保育生物学湖北省重点实验室、湖北神农架森林生态系统国家定位观测研究站、湖北神农架大九湖湿地生态系统定位研究站、大龙潭金丝猴野外研究基地、姊妹峰金丝猴人工繁育基地等16处研究平台。

（5）武夷山国家公园体制试点

武夷山国家公园体制试点区成立国家公园智库，为国家公园建设提供咨询、指导等智力支持。与福建农林大学共建国家公园研究院、博士后科研流动站，与福建省气象局共建国家公园气象台。

3.科研项目

国家公园管理部门根据管理需求，以不同形式开展科研项目，其中国家公园自然资源本底调查和科学考察工作是国家公园管理部门掌握国家公园自然资源情况的常规方法。

钱江源国家公园体制试点

2018年4月，钱江源国家公园体制试点联合浙江大学研究团队启动钱江源国家公园综合科学考察工作，本着"诚实守信、加强合作、共同促进、互利共赢"的原则，建立长效合作机制，为钱江源国家公园建设成为亚热带森林生物多样性保护和生态修复的示范区、人与自然和谐共存的先行区、自然保护和生态文明的传承区奠定良好数据基础。

三江源国家公园体制试点

2016年6月，三江源国家公园体制试点开展了综合科学考察工作。三江源国家公园综合科学考察队成员穿越平均海拔4000多米的三江源国家公园长江、澜沧江园区，对长江、澜沧江园区水资源、水生态环境和地形地貌开展了深入考察，获取了大量珍贵的水文要素、自然地理、生态环境数据，顺利完成了各项科考任务。

武夷山国家公园体制试点

2019年12月，武夷山国家公园体制试点先后与南京林业大学、福建师范大学、福建省气象局、福建省林业调查规划院等7所高校、科研院所签订战略合作协议，联合开展"关注森林·探秘武夷"生态科考活动和生态环境调查、监测、评估及课题研究。

香格里拉普达措国家公园体制试点

2019年10月，香格里拉普达措国家公园体制试点启动了"香格里拉普达措国家公园综合科学考察"项目，委托西南林业大学会同中国科学研究院昆明植物研究所、中国科学研究院动物研究所、国家林业和草原局昆明勘察设计院等多家科研院所开展工作，为统筹制定国家公园资源保护管理目标、强化生态系统科学监测、有效推进自然生态系统的完整性与原真性保护，推进该区域自然保护地优化整合。

崔晓伟

2.7 国家公园如何开展自然资源监测

一、国家公园监测应该监测什么？

2020年1月，自然资源部印发了《自然资源调查监测体系构建总体方案》，提出了自然资源调查监测体系总体目标、思路和工作任务，对自然资源的概念、分类，调查监测的工作内容及业务体系有了明确的要求。国家公园范围内的自然资源是全国自然资源的一个子集，围绕着土地、矿产、森林、草原、水、湿地、海域海岛等自然资源七类资源进行监测，涵盖陆地和海洋、地上和地下。

自然资源监测分为常规监测、专题监测和应急监测三部分

常规监测

常规监测是围绕管理目标对全国范围内自然资源定期开展的全覆盖动态遥感监测，重点监测包括土地利用在内的各类自然资源的年度变化情况。

专题监测

是对地表覆盖和某一区域、某一类型自然资源的特征指标进行动态跟踪，掌握地表覆盖及自然资源数量、质量等变化情况。

应急监测

应急监测是围绕某些社会关注焦点和难点问题开展的应急监测工作。

二、国家公园体制试点自然资源监测案例

国家公园体制试点开展以来，根据《建立国家公园体制总体方案》要求，10个试点区均陆续开展了一些监测方面的工作，并取得了显著成绩。

1. 东北虎豹国家公园体制试点

体制测试区成立了国家林业和草原局东北虎豹监测与研究中心，设立了东北虎豹生物多样性国家野外科学观测研究站，开通了东北虎豹国家公园自然资源监测系统，形成了一个完整的科研平台、一套监测系统和一个野外基地的体系。设置国家级、省级、区域和基础网络监测点四级平台，并按照"统一规则、统一标准、统一制式、统一平台、统一管理"原则，制定《东北虎豹国家公园自然资源监测体系建设技术指标》，确保东北虎豹国家公园监测体系统一、规范、高效运行。

目前已建成了覆盖近万平方公里的天地空一体化监测网络体系，项目建成后，将实现对国家公园内水文、气象、土壤、生物等自然资源的实时监测和对自然生境下野生东北虎豹生存状况的全面跟踪，达到了监测、评估和管理的精准化和智能化，形成了"看得见虎豹、管得住人、建好国家公园"的全新"互联网＋生态"的国家公园自然资源信息化、智能化管理模式。

01 | 02

01-红外相机监测拍摄到的东北豹
02-红外相机监测拍摄到的东北虎
（图片由东北虎豹国家公园管理局提供）

2. 大熊猫国家公园体制试点

大熊猫国家公园体制试点坚持"人工监测＋辅助监测"多种手段并用，整合设置监测样线1732条，实现了大熊猫栖息地全覆盖，实现了对大熊猫、雪豹等主要保护对象的全面监测。试点以来，红外相机拍摄到小熊猫、川金丝猴、豺、狼、金钱豹、雪豹等38种与大熊猫同域分布的野生动物，特别是发现了螭吻颈槽蛇、龙门山齿蟾2种动物新种，巴朗山雪莲1种植物新种。

3. 三江源国家公园体制试点

三江源国家公园体制试点综合运用国产高新技术，建成"天地一体化"生态环境监测体系。开展三江源地区高精度三维地理信息基准建设，建成国家公园大数据平台，具备"天上看、地上查、网上管"的监测能力。持续推进国家公园基础数据综合应用，深入开展三江源自然资源和野生动物资源本底调查，发布三江源国家公园自然资源本底白皮书，为科学保护三江源提供数据支撑。

01 | 02
03

01－红外相机监测拍摄到的熊猫母子（图片由大熊猫国家公园管理局提供）
02－红外相机监测拍摄到的雪豹（图片由大熊猫国家公园管理局提供）
03－三江源国家公园体制试点内，技术人员开展草原生态监测工作
（图片由三江源国家公园管理局提供）

4.钱江源国家公园体制试点

钱江源国家公园体制试点整合了卫星遥感影像、航拍搭载激光雷达、CCD高清晰度摄像和高光谱影像、森林生物多样性地面监测平台、全境网格化红外相机监控、视频监控、高空云台等多种先进监测手段，建成"空天地"一体化生物多样性监测体系。监测内容涵盖了森林群落结构组成、兽类和鸟类、水文、土壤、气象以及保护对象的栖息地和森林生态系统服务功能的变化等多个方面。监测范围覆盖了钱江源国家公园体制试点区及周边区域。同时建立了统一的自然资源基础数据库，于2019年底完成了钱江源国家公园智慧信息管护平台建设，基本实现"局—队—所—站"四级监测管护体系。

$$\frac{01}{02}$$

01－绿色江河工作人员和农牧民管护员在三江源国家公园体制试点内安装监测设备
（图片由三江源国家公园管理局提供）

02－钱江源国家公园体制试点内的红外监测相机
（图片由钱江源国家公园管理局提供）

2.8 国家公园如何开展科普教育

《建立国家公园体制总体方案》提出："国家公园坚持全民共享，着眼于提升生态系统服务功能，开展自然环境教育，为公众提供亲近自然、体验自然、了解自然以及作为国民福利的游憩机会。鼓励公众参与，调动全民积极性，激发自然保护意识，增强民族自豪感"。

《关于建立以国家公园为主体的自然保护地体系的指导意见》提出："在保护的前提下，在自然保护地控制区内划定适当区域开展生态教育、自然体验、生态旅游等活动，构建高品质、多样化的生态产品体系"。

从以上两份中央文件中可以看出，在国家公园内及周边社区开展环境教育，已成为国家公园体制建设的重要课题。目前我国已有的10个国家公园体制试点区都在探索中国特色国家公园治理创新模式的同时，积极开展国家公园科普教育工作。具体可以总结为以下几个方面。

一、结合宣传日，组织形式多样的科普宣传活动

各国家公园体制试点利用各种宣传日开展科普教育，结合"全国科普日""世界野生动植物日""爱鸟周""世界环境日""世界防治荒漠化和旱灾日"等宣传契机，以不同的主题内容，开展形式多样的科普宣传活动，取得了良好的社会反响。

科普宣传活动

三江源国家公园体制试点

2020年4月，三江源国家公园管理局组织了"爱鸟新时代，共建好生态"为主题的"爱鸟周"系列宣传活动，旨在宣传"爱鸟护鸟"成效，促进生物多样性保护，不断增强公众爱鸟护鸟意识。在曲麻莱管理处的活动现场，大自然摄影队组织生态管护队摄影人员30余人，拿着监测相机近距离观察湿地公园的斑头雁、赤麻鸭、白骨顶等各种鸟类。通过开展观鸟监测活动，生态管护员掌握了斑头雁的迁徙时间及活动习性，积极营造了"保护江源生态、保护野生动物"的社会氛围，倡导人人争做爱鸟护鸟的保护者、传播者和实践者。2021年3月，围绕"推动绿色发展，促进人与自然和谐共生"主题，三江源国家公园管理局联合有关单位开展"世界野生动植物日"主题宣传活动。旨在展示国家公园示范省建设成就，呼吁公众树立尊重自然、顺应自然、保护自然的理念，增强野生动植物保护意识。

01
02

01-2021年世界野生动植物日活动现场
（图片由三江源国家公园管理局提供）
02-由世界自然基金会（瑞士）北京代表处和东北虎豹国家公园管理局共同主办的2019年"全球老虎日"主题活动
（摄影：盛春玲）

东北虎豹国家公园体制试点区

从2018年开始，东北虎豹国家公园管理局每年联合开展"全球老虎日"主题宣传活动，活动通过展板、舞台剧、相声、美术作品展、互动游戏等形式，展现了东北虎保护工作的艰辛历程和中国虎文化的源远流长，呼吁人们树立保护老虎这种濒危大型猫科动物的意识。

大熊猫国家公园体制试点

举办"纪念大熊猫科学发现150周年""2019中国（四川）大熊猫国际生态旅游节""秦岭大熊猫文化宣传活动"等系列宣传活动。结合这些宣传日，通过召开论坛、举办展览、邀请知名专家做讲座、向公众开放互动体验、举办图书分享会、组织生态摄影大赛等形式，充分展示大熊猫风采，广泛传播生态文明理念，广泛凝结社会共识，汇聚各方力量，不断提高大熊猫保护管理水平。

二、紧密联系周边社区，开展科普教育

《建立国家公园体制总体方案》中指出，要鼓励设立生态管护公益岗位，吸收当地居民参与国家公园保护管理和自然环境教育等。国家公园的科普教育工作与周边社区密不可分。一方面，国家公园周边社区内的居民对当地自然环境熟悉，可以通过培训选出一批作为国家公园讲解员；另一方面，国家公园周边社区内的居民更加需要对其生活环境有深入了解，通过科普教育进一步激发他们保护自然的积极性。一些国家公园管理局通过与当地的中小学等建立联系，向学生进行科普教育，使学生们从小产生热爱自然、保护自然的意识。

与社区相联系的科普活动

三江源国家公园体制试点

不同于一般意义上的国家公园，三江源国家公园的范围和牧民的生产生活高度融合，因此无论是开展生态保护与修复，还是在推动人与自然和谐相处的背景下尝试自然体验，都需要本地社区的大量参与，并发挥主体的作用。三江源国家公园体制试点区开展澜沧江大峡谷览胜走廊、黄河探源等环境教育、生态体验特许经营活动，鼓励引导并扶持园区牧民参与其中，使其在参与生态保护、公园管理中获得稳定的收益，有效推动了牧民从草原利用者转变为生态守护者。

引导并扶持园区牧民参与，图为自然体验示范户正在做饭

（图片由三江源国家公园管理局提供）

与社区相联系的科普活动

祁连山国家公园体制试点

祁连山国家公园体制试点甘肃片区酒泉分局盐池湾博物馆、张掖分局祁连山自然展馆为当地中小学和社区居民等提供了自然教育与生态体验，多所高校、科研单位将其作为科研教学基地。青海片区在4县市10余所学校开展生态课堂进校园和自然体验活动，并在继续深入完善和推广中逐步建立规范现代的国家公园自然教育体系，引导社会参与。全面实施生态教育培训计划，将自然教育纳入国家公园试点区域内中小学校课程计划，以祁连山生态保护和生态功能价值为重点，开设生态课程，编制教学内容。

武夷山国家公园体制试点

武夷山国家公园体制试点举办科普读本进课堂活动，精心编辑制作了科普教育读本《走进武夷山国家公园》。武夷山市教育局将武夷山国家公园赠送的科普读本陆续发放到全市各中小学校、幼儿园，孩子们将在乡情课上认识并了解武夷山国家公园，以及世界和中国的国家公园情况。

三、建设科普教育基础设施及基地建设

目前，许多国家公园体制试点已经建立落成了科普展馆，通过馆内图片展示、视频播放、讲解互动等，向公众进行国家公园相关知识科普。部分国家公园体制试点范围内的场馆或区域，被列为科普基地、自然教育基地等，承担向公众开展科普教育的作用。

科普教育基础设施

三江源国家公园体制试点

三江源国家公园体制试点建设了生态展览陈列中心，将更好地发挥国家公园的自然环境教育职能，扩大公众参与合作交流，有效地展示三江源生态保护和建设成效，体现国家公园体制试点的探索与创新成果。并分别在黄河源园区、澜沧江园区、长江源园区曲麻莱管理处、长江源区治多管理处、长江源园区可可西里管理处建设科普教育服务设施。

祁连山国家公园体制试点

祁连山国家公园体制试点甘肃片区酒泉分局、张掖分局被评为"全国林业科普基地""全国环保科普教育基地""甘肃省科普教育基地"。两个管理分局充分利用现有展览馆，发挥国家公园自然教育宣传的作用，向全社会公民和中小学生开展自然环境教育体验活动。

大熊猫国家公园体制试点

体制试点以来，新建（改造）自然教育场馆超过3万平方米，命名大熊猫国家公园自然教育基地6个、生态体验小区4个。四川片区建设自然教育基地19个；陕西片区围绕开展以中小学生森林体验、生态文明教育进课堂和生态文明教育基地创建"三位一体"青少年生态文明教育，打造森林体验基地、生态探秘线路、生态文明教育基地各3处，青少年教育基地2处；甘肃片区完成白水江动植物博物馆、野生动物固定监测展示中心改造提升，开展大规模科普宣教活动20余次。

香格里拉普达措国家公园体制试点

建设了1500平方米的科普宣教中心，为访客提供生态教育专场讲解。2019年，重新编辑科普厅解说词，并专门委派解说员以轮换形式每天为游客进行讲解。使用国内先进的技术，将园区内现有的资源通过3D影视、立体投影向广大游客进行展示。

01
—
02

01–三江源国家公园生态展览陈列
中心
（图片由三江源国家公园管理局提供）
02–香格里拉普达措国家公园体制
试点科普宣教中心场馆内
（摄影：盛春玲）

四、开展生态体验和自然教育

国家公园坚持全民共享，为公众提供亲近自然、体验自然、了解自然以及作为国民福利的游憩机会。北京林业大学张玉钧教授在接受采访时说过："在国家公园内开展自然教育具有重要意义，因为自然教育是通识教育的一个方面，即提升整个国民素质都需要有自然教育这一环节。我们可以借助国家公园的建立，把过去零散的、不规范的、不成型的自然教育进行整体提升，还可以借鉴国外的理念，结合中国的国情，增强全体国民的自然保护意识。"试点以来，各国家公园体制试点区探索开展生态体验和自然教育，并编制出台相关文件，使公众更好地了解国家公园。

生态体验和自然教育

三江源国家公园体制试点

编制了《三江源国家公园生态体验与环境教育规划》，积极探索开展各项自然体验和环境教育活动，每年开展自然环境教育20次以上。2020年8月，三江源国家公园体制试点黄河源园区接待了首批访客，生态体验活动包括体验牧民和管护员日常生活，了解生态保护修复和野生动物救助情况，观览高原群山、湖泊河流、野生动物等原真自然美景，并通过解说进一步了解当地传统民族文化和人文风情。活动结束后，访客被授予《三江源国家公园访客证书》。

三江源国家公园体制试点黄河源园区生态体验活动
（图片由三江源国家公园管理局提供）

武夷山国家公园体制试点

游憩区总体布局为"一条生态绿道，两条生态体验外环线，三个生态发展核，四个生态游憩发展片，五个生态服务中心，五大生态游憩产品体系，多个生态游憩小区"，共8个旅游景区，都设置在一般控制区。景点游憩步道、标识牌、厕所等必要基础设施齐全。

钱江源国家公园体制试点

承办了"全国三亿青少年进森林研学教育活动暨绿色中国行——走进钱江源国家公园"大型公益活动。来自北京、上海、浙江、青海、安徽等全国十几个省（区、市）的青少年代表参加了此次研学教育活动。通过这次活动，在青少年中弘扬生态文明，传承绿色公益理念，有利于青少年身心健康成长，同时也是户外自然教育的有益尝试。

"全国三亿青少年进森林研学教育活动"开幕式现场
（图片由钱江源国家公园管理局提供）

神农架国家公园体制试点

依托神农架的自然、人文和游憩资源，神农架国家公园联合特许经营单位等设计开发了层次丰富的研学实践课程和路线。研学课程针对不同学习阶段的受众设置，分为自然类综合课程、地理类研学课程、生物类研学课程、基地体验型课程、文化类研学课程、励志类研学课程等（表2-8-1）。

表2-8-1　神农架研学实践课程路线课程统计表

序号	课程类型	课程名称	天数	适合学段	师生配比	适用范围
1	自然类综合课程	《自然密语·地球与生命》	6	3~12年级	1:15/20	区外
2	地理类研学课程	《自然密语·地质变迁史》	5	7~12年级	1:20	区外
3	生物类研学课程	《自然密语·生物密码》	5	7~12年级	1:20	区外
4	基地体验型课程	《自然密语·亲子齐悦》	6	3~9年级	1:15/20	区外
5	文化类研学课程	《传承中华传统美德·非遗小传人》	2	3~9年级	1:15/20	区内
6	励志类研学课程	《挑战极限·超越梦想》	3	7~12年级	1:20	区内

除了以上的形式外，国家公园的科普教育形式还包括拍摄纪录片、出版科普读物、建立官方网站及公众平台、策划线上科普互动、开展科考活动等形式，向公众传播国家公园理念和内涵，唤起人们热爱生态、保护生态的自觉意识。

01—由国家林业和草原局（国家公园管理局）和新华网共同推出的国家公园体制试点专题片
02—由国家广播电视总局指导，青海省广电局牵头创作的以青海省生态文明建设为题材的大型生态文明纪录片——《青海·我们的国家公园》
03—由中国林业出版社出版的图书——"自然书馆·中国国家公园丛书"

01 | 02
       | 03

01- 由国家林业和草原局（国家公园管理局）和人民日报客户端联合推出的"选出你心目中的中国国家公园"科普互动H5

02- 钱江源国家公园管理局和开化县广播电视总台联合创办了钱江源国家公园频道。该频道以"主题专一、特色鲜明、编排科学、内容鲜活、涉及面广"为定位，全面展示钱江源国家公园在试点过程中的工作动态、政策法规、成果成效、美景风光等，大容量播出与国家公园有关的新闻、专题、公益广告、综艺节目、纪录片、影视剧等内容

03- 2018—2020年，武夷山国家公园管理局连续开展"关注森林·探秘武夷"生态科考活动。3期活动共组织13家科研院校36名专家学者和武夷山国家公园、江西武夷山国家级自然保护区的科研团队，一同深入武夷山国家公园原始区域，开展生态监测、生物多样性及垂直带谱分布状况研究（摄影：黄海）

盛春玲

2.9 国家公园如何开展自然体验

"这里有无数的湖泊、瀑布和平滑如丝的草地，这里有最静穆的大森林、最高的花岗岩穹丘、最深的冰蚀峡谷以及最为炫目的水晶质地表……"这是世界早期环保运动的领袖、美国国家公园之父约翰·缪尔在《我们的国家公园》一书中的描述。我们可以从这本书中，聆听瀑布、小鸟和森林的歌唱，读懂岩石、冰川和峡谷的语言，与野生动植物相识相知，并尽可能地去靠近世界的心灵……

——摘自《北欧时报》

国家公园是我国自然生态系统中最重要、自然景观最独特、自然遗产最精华、生物多样性最富集的部分，具有全球价值、国家象征。《建立国家公园体制总体方案》中明确指出"国家公园的首要功能是重要自然生态系统的原真性、完整性保护，同时兼具科研、教育、游憩等综合功能"。通过建立国家公园，结合生态文明与美丽中国建设的现实需要，着眼于提升生态系统服务功能，为公众提供亲近自然、体验自然、了解自然以及作为国民福利的游憩机会，增强全体国民的生态保护意识。

国家公园让公众有机会亲近自然、了解自然中的奇美、绝美与壮美之景，进而热爱自然，愿意保护自然，贡献自己在生态保护中的一份力量，实现保护国家公园自然资源和生态系统以及合理利用资源的重要功能，国家公园的自然体验即是在严格保护的基础上进行科学合理的利用。国家公园内开展的自然体验活动要实现"点、线、面"的结合。所谓"点"就是自然体验展示点，往往是国家公园内容易引起视觉震撼或强烈情感体验的节点；"线"通常表现为自然体验线路，也是访客在国家公园开展体验活动的主要视廊和景域通道；"面"则是特定区域的自然体验场所，空间更

武夷山国家公园体制试点　九曲溪漂流生态休闲体验活动
（摄影：王丹彤）

大、更广阔。"线"串联起串珠一样的"点"，形成闭环或者半闭环的"面"。因此，在国家公园内开展自然体验活动，需根据具体国家公园的特点，对访客进行细分，按照"点、线、面"因地制宜地策划适合的自然体验项目，设计差异化的自然体验内容和方式。比如探险山川大地、游阅江河湖海、科普物种资源、体验生态系统、感受民族文化等活动，或者通过研学的方式达到自然体验的目的，在科普研学中与自然亲密接触。

一、国家公园自然体验有哪些方式？

自然体验活动类型的多样性、综合性和周期性都与国家公园的特点及其管理有着直接的联系，而自然体验活动的多样性又同国家公园的自然资源、文化资源的多样性相对应。因此，以感官体验（视觉体验、嗅觉体验、听觉体验、触觉体验等）为基础，国家公园自然体验的方式主要有以下几种。

1.亲景体验

强调在生态保护的前提下，旨在通过访客与生态资源的近距离接触和深度体验，以实现人与自然的相互交融，从而强化自然体验。亲景体验式活动打破传统视觉、听觉的感知途径，融合多重感观感知，通过高新科学技术如三维、四维立体创设异于生活世界的自然体验。

01-武夷山国家公园体制试点　丹霞地貌景观
02-钱江源国家公园体制试点　古田山步道
03-香格里拉普达措国家公园体制试点　生态栈道亲景体验

$\frac{01}{02}$ ｜ 03

（摄影：王丹彤）

2.自然观察研学

强调访客在与生态资源深度接触过程中会对生态系统和资源环境形成一个更为细致深刻和直观的认识,在自然观察中进行研学教育,让访客内心生出美的传递和保护的情感。自然观察研学式活动的开展重视环保性、科学性、趣味性和操作的准确性。因此,相关解说内容要表述准确且易于理解,同时配备专业解说人员进行引导,解说人员不仅要对生态知识有广度和深度上的把握,还能很好地引导访客,以便更好地开展研学活动。

3.休闲互动体验

以生态资源为依托,打破原有的隔离保护原则,转向自由开放式的带有互动性的休闲体验活动,充分调动视觉、听觉、触觉、嗅觉等多重感官体验,比惯常的视觉体验更为深刻,加之与景观资源的深层互动,更容易给访客留下深刻印象。休闲互动体验式活动开展的目的是生态教育,在趣味性和体验性等方面较其他两种类型的活动可有更大的设计空间,在确保安全性的基础上,应使活动更有新意。

武夷山国家公园体制试点　访客游阅山水自然体验活动
（摄影：王丹彤）

4. 户外探险运动

以自然环境为载体，依托复杂多变的地文景观、原生态森林草原湿地景观、丰富的野生动植物景观和山地立体气候景观等资源为基底，科学开展山地攀登、溯溪、生态徒步、秘境探险、野外拓展、科学考察等户外运动项目，访客在形式多样的户外探险运动中体验和感受自然魅力。通过户外探险运动，访客能够感受大自然的神奇造化，培养访客"敬畏自然、顺应自然、保护自然"的科学自然观，牢固树立自然资源可持续利用和生态保护的理念。

神农架国家公园体制试点内的神农谷户外体验科考路线
（摄影：王丹彤）

三江源国家公园体制试点自然观察研学活动

三江源国家公园体制试点的范围和牧民的生产生活高度融合，因此无论是开展生态保护与修复，还是在推动人与自然和谐相处的背景下尝试自然体验，都需要本地社区的大量参与，并发挥主体作用。因此，在三江源国家公园自然体验研学的活动中，经过培训的牧民成为自然向导，凭借对于本地自然生态的了解以及热情的态度，他们很好地承担了向导的工作，并获得收益，直接从自然体验中受益。

肯尼亚内罗毕长颈鹿国家公园长颈鹿与访客互动体验活动

肯尼亚内罗毕的长颈鹿国家公园专门设置了一个与长颈鹿亲密互动式参与的访客体验区，访客可以通过喂食长颈鹿与长颈鹿进行亲密互动。在访客与长颈鹿互动前，访客须通过国家公园工作人员普及长颈鹿重要栖息环境和生活习惯、注意事项以及掌握访客与长颈鹿亲密接触的技巧等，并在国家公园工作人员的指导和引领下，与长颈鹿进行亲密互动。

二、国家公园自然体验如何规范化管理？

1. 贯彻落实"绿色生态"理念

国家公园的自然体验因其对资源条件的依赖性，而对生态环境也提出了更高的要求，在为访客提供自然体验服务的过程中，要求实施生态管理，为访客提供"绿色"服务，使其在自然体验过程中对国家公园生态保护和资源的科学合理利用承担重要责任，从而促进国家公园自然体验活动的可持续发展。

2. 科学管理、合理利用国家公园的资源条件

将国家公园自然与人文资源的保护与利用融为一体，在保护中利用，在利用中保护。在处理国家公园资源和生态保护与发展的关系上，对于不可再生的资源，采取保护第一的原则；对于可再生的资源，在保护的基础上进行科学合理的利用。同时，在利用自然与人文资源的过程中，提高资源的综合利用率，并通过充分挖掘自然与人文资源的内涵，以满足访客多元化、多层次的自然体验需求。此外，还应加强资源和生态环境保护力度，减少人为活动的干扰与破坏，为国家公园自然和人文资源的存在和发展创造良好的条件，实现国家公园资源科学合理利用，从而提高访客自然体验的质量。

3. 实施国家公园特许经营的规范管理

整个国家公园的发展遵循一体化的原则，创新经营项目管理体制。按照国家公园划定的自然体验线路和区域开展自然体验特许经营项目，一方面调动企业和社会各界，特别是社区居民参与的积极性，提升他们的存在感、获得感，共享国家公园生态红利；另一方面也提高他们的生态保护意识。通过构建符合国家公园实际的特许经营机制，实现国家公园的管理权和经营权分离，加强国家公园管理机构对国家公园自然体验活动的规范管理与有效监督。

4. 科学合理计算生态承载力

国家公园自然体验环境质量的优劣不仅直接影响到访客对游憩目的地的选择和评价，也影响国家公园生态系统和资源环境的有效保护。在可接受改变极限（Limits of Acceptable Change, LAC）理论框架指导下，合理确定国家公园不同空间资源环境和生态系统对访客的承载量，确定访客数量、行为及活动强度阈值，实行国家公园访客预约制度和增设标识系统，指引访客按照规定的游憩路线进行游览，有序开展自然体验活动，将关键变量指标控制在阈值范围之内，采取访客的源头控制性策略，不能盲目地追求访客人数，减少访客对生态环境的破坏，维持生态系统稳态，促进访客对国家公园生态系统和资源环境负面影

响的最小化和自然体验质量的最优化。

5. 对访客自然体验进行有效管理

为了防止访客过量进入造成国家公园自然生态环境逆向演替变化，建立国家公园自然体验访客容量动态监测机制。在科学测算最大环境容量的基础上，采取访客的源头控制性策略，结合访客预约系统和信息管理系统，制定国家公园的访客管理目标和年度访客计划，减少访客对国家公园生态环境以及生物多样性的干扰和破坏。同时，根据各国家公园的实际情况，建立访客自然体验信用记录机制和访客行为控制引导机制，完善国家公园的自然体验智能管理信息系统，配置智能终端，实现国家公园协同发展，快速、精准的管理与调控。

和谐
（图片由三江源国家公园管理局提供）

王丹彤

第三篇
走进中国国家公园体制试点

　　2015年，我国正式开始国家公园体制试点工作，先后建立了三江源、东北虎豹、大熊猫、祁连山、海南热带雨林、神农架、武夷山、钱江源、南山、香格里拉普达措等10处国家公园体制试点。涉及吉林、黑龙江、甘肃、青海、四川、陕西、海南、福建、湖北、云南、浙江、湖南等12个省份，总面积超过22万平方公里，约占我国国土陆域面积的2.3%。

3.1
江山如此多娇：感受美美与共的国家公园

如果从太空俯瞰，中国这片960万平方公里的广袤土地，一定是北半球同纬度色彩最斑斓的区域。从青藏高原到东海之滨，犹如天筑阶梯，延绵不断，展现出了惊人的变幻底色和自然奇观。她们是奔流直下的大江大河，是静谧旖旎的高原湖泊，是永不回应的高冷雪峰，也是孕育生命的热带雨林……

如果没有足够的广角，你很难完全看清这片土地，它的多样之美，已远超你的想象。但我们仍然可以极目眺望，在纷繁的大地色彩中，选择那些屹立在世界之林、最具代表性的自然生态系统，去涉足她、亲近她、感受她。犹如散落在大地之盘里的奇珍异宝，她们各具姿色，凝聚了这个国家自然景观最独特、自然遗产最精华、生物多样性最富集的部分。

> "大兴安岭，雪花还在飞舞。长江两岸，柳枝已经发芽。海南岛上，到处盛开着鲜花。我们的祖国多么广大！"
>
> ——摘自小学《语文》教材

一、感·森林律动

森林是陆地上结构最复杂、面积最大的自然生态系统。在中国，由于南北热力条件差异明显，在地理上形成了风格迥异的森林景观带。国家公园仿佛镶嵌在其中最活跃的律动因子，聚焦了这些景观带中最为绝妙和精彩的部分。

横跨吉林、黑龙江两省的东北虎豹国家公园体制试点是我国地理位置最靠北的试点区。相比华北平原等中原腹地，这里夏季凉爽湿润，冬季寒冷多雪，水资源较为充沛。正是这样的气候条件，使得东北虎豹国家公园体制试点内的山地生长起季相明显的温带针阔混交林和寒温带混交林。嘎呀河、珲春河从这些山地中汲取着滚滚向前的动力。由于夏季植物生长繁茂，而枯死的植物腐烂分解缓慢，于是形成了有机质含量极高的深厚黑土，染黑了滔滔向东的江水。白山黑水间，东北虎豹国家公园体制试点区正哺育着众多如东北虎、东北豹、丹顶鹤这样的壮美生灵，徐徐展现出一幅生动秀美的北国画卷。

东北虎豹国家公园不是唯一一个以物种冠名的体制试点。在与其西南方向相距约2500千米的密林深处，存在着另一个用物种代言的国家公园体制试点。而这个物种，为我国特有。

1869年，一个名叫戴维（Pere Armand David）的法国传教士，沿长江而上，来到四川地区。在雅安市的邓池沟，有位猎人邀请他到家里吃茶。屋子简陋，他却很快发现了一个大宝贝，那是一张有着黑白相间纹路的熊皮，以前从没见过。敏锐的传教士意识到这可能是个新物种，于是又花高价让猎人捕获了一头，做成标本，运回了法国。

这是有记载以来世界上首次发现大熊猫的故事，距今已超过150年。150年后，这里不再是可以随意挥舞缰绳的狩猎场，大熊猫也早已摇身一变，成了全球广为人知的国宝级存在。

大熊猫国家公园体制试点横跨四川、陕西、甘肃三省，境内的森林自然景观同样令人称奇。秦岭、岷山、邛崃山、大相岭、小相岭、凉山等群山环绕，由北向南依次展布，呈跌宕起伏之势。来自太平洋的东亚季风，在这里被众多山脉无情地拦截，而来自印度洋的西南季风，则沿山脉之间长驱直入。高

山之间顿时云雾缭绕、宛如仙境。因庇护了大熊猫极具重要的栖息地，这里在2006年就被列入了世界自然遗产名录。

如果再往东约700千米，是另一处充满神秘气息的森林王国——神农架。多年以前，这里也还是野生华南虎的乐土，但20世纪五六十年代由于不合理的砍伐生产，已难觅踪迹。

付出过大地之殇的沉痛代价后，如今的神农架已是林海茫茫，物种繁盛，成为全球34个生物多样性热点地区之一，同样被列为世界自然遗产名录。在地理位置上，神农架国家公园体制试点恰好处于秦淮南北分界线和第二阶梯东部边缘的交汇地带，形成了兼具南北、包容东西的气候风格。大巴山一路至此愈加高耸，平地而起3000余米，睥睨

01	02	03
04	05	06

01-大熊猫　　　02-小熊猫　　　03-普通鸬鹚
04-绿树葱葱　　05-竹林葱葱　　06-溪流潺潺

大熊猫国家公园体制试点风光
（摄影：宋心强）

海南热带雨林国家公园体制试点风光
(摄影：杨文杰)

云天，而神农顶正是大巴山主峰。地理位置、海拔高度，加上时间的沉淀，决定了神农架国家公园体制试点区在生物地理上的独特地位。

当然，要追寻真正的原始森林，恐怕得直抵海南岛了。这里保存着中国为数不多的热带雨林。凶险的地形，阻隔了大众热切的探索，海南中部山区的有些山峰，100多年来很少有人踏足。与世隔绝未尝不是好事，这让大自然能以自己的节奏繁衍生息。

五指山、鹦哥岭、霸王岭、尖峰岭和吊罗山等海南岛陆地最有价值的自然保护区基本都集中于中部山区，把这些保护区连在一起，加上黎母山等省级自然保护区和森林公园，基本上构成了海南热带雨林国家公园体制试点区的范围。千姿百态的植物蓬勃生长，盘根错节的藤蔓相互环绕，一棵棵笔直的大树耸立云霄，以及从树叶间倾泻而下的斑驳阳光……似乎都在默默诉说着热带雨林的丰饶和神秘。丰富的自然资源孕育出的是热切期盼的生命，这里被誉为热带北缘生物物种基因库。

除此外，武夷山、钱江源、南山等国家公园体制试点，也都是我国珍贵森林资源的富集区，串联起了华夏大地绝美景观的半壁精华。由南至北，交相辉映，国家公园如同星星之火般点缀着大地底色，谱写着美丽中国的锦绣篇章。

二、观·大江源头

山是骨骼，河是血脉。感受国家公园之美，同样绕不开山宗水源。

把目光聚焦在三江源。这里是我国首个被列入国家公园体制试点的区域，也是中国最著名的荒野之地。它声名远扬，在中国几乎家喻户晓，但起初并非因为它的美丽打动了世人，而是因为曾经发生在这里的黑暗盗猎往事令人骇闻。电影《可可西里》的故事脉络就是以此为原型的。多年以后，当黑暗散尽，是时候了解阳光之下它的动人之处了。因为这里不仅有藏羚羊，有百兽千禽，还是许多著名河流的发源之地。

黄河、长江、澜沧江便孕育于此。据科学家研究，三江源每年向下游输送了超过600亿立方米的清洁水，分别占长江、黄河、澜沧江总水量的25%、49%和15%，是名副其实的"中华水塔"。众多河流在此积蓄能量，而后一路向东，释放着浩浩前行的欲望。放眼望去，呈现一派雪山交错、江河涌动的辽阔画面。而在三江源内部，除了有重要河流以外，还有数量众多的湖泊，占去了中国湖泊总数的近一半。群湖之中的水从何而来？主要是得益于青藏高原独特的地理条件下与众不同的降水过程，来自印度洋的水汽在喜马拉雅山碰壁之后形成涡流，通过一条条峡谷形成巨大的收缩力，把孟加拉湾的暖湿气流抽吸到高原上，与冷空气遭遇随即形成降水。

当然，三江源贡献出的不仅是"三江之水天上来"的感官盛宴，还会给予你另一份思想震撼——对于灵动生命的惊叹。与非洲的塞伦盖蒂大草原、北美洲的黄石国家公园相比，三江源无论在面积还是野性上，都毫不逊色。其壮美的野生动物景观足以让人驻足长留，忘却尘世的喧嚣和繁杂。

▲ 藏原羚　　　　　▲ 藏狐

三江源国家公园体制试点内的野生动物

（摄影：孙国政）

108

钱江源国家公园体制试点
（摄影：杨文杰）

离开江源腹地后，三条河流便分道扬镳，但精彩并未结束。黄河一路蜿蜒向东，流经四川等9个省市后直贯渤海；长江、澜沧江的流径则更为曲折，先南下云南，与发源于唐古拉山的怒江相会后，在横断山脉地区形成了"三江并流"的奇特自然景观①。而在这一世界自然遗产地的中心地带，成就了我国另一处体制试点区——香格里拉普达措国家公园体制试点。

"普达"为梵文音译，意思是普度众生到达彼岸之舟，"措"即为湖的意思。在不同的人的心目中，普达措也有不同的含义：天堂、世外桃源、心中的日月等等，总之，是人类梦想的家园。在普达措，碧波万顷的碧塔海和属都湖仿佛从天而降，镶嵌在茂密的丛林中，清澈的让你不由得小心翼翼，生怕一个不和谐的声响就破坏了此处的圣洁。轻纱一般的迷雾笼罩着湖面，白的霜、绿的树、青的水、朦的雾，组合成了一幅神采飞扬、荡气回肠的水墨画，随意却又独具匠心，人们亲切地称呼她为"香格里拉的眼睛"。事实上，普达措也是我国进行国家公园体制试点前首次提出改革尝试的自然保护地，对促成如今保护地体系全面改革具有重要推动作用。

但大江大河不总是发源于在高原地区。与"三江源"同为"源"字招牌的钱江源国家公园体制试点则处于我国地理版图的第三级阶梯，平均海拔不足1000米。这里是浙江的母亲河钱塘江的正源。相比其他试点区，钱江源国家公园体制试点的体型可谓秀珍，但这并不影响它作为"亚热带常绿阔叶林的世界之窗"的生态地位。地处北纬30°这条多地被荒漠覆盖的地球橙黄色"腰带"上，唯有长江中下游的这片森林连绵延伸、生机盎然，特别是其中的古田山，是这片低海拔大面积分布的原始常绿阔叶林最典型、最原真的代表。钱塘潮闻名天下，钱塘江流域富庶繁荣，而钱塘江的源头，尽是一片静谧原始的祥和模样。

---

① 长江流出青海玉树州后，在此段称为金沙江。

三、触·文化脉络

如果说自然色彩是国家公园的底蕴，那么文化脉络就是国家公园的内涵。当秀美山川陶冶着人们的性情、启迪人们智慧的同时，也不要忘了用心品味这大美风光后所流淌出的人文气息。

10个试点中，武夷山是兼具自然与人文景观的典范，同时也是唯一一个坐拥世界文化与自然双遗产的国家公园体制试点。这里钟灵毓秀，人杰地灵，人文荟萃，许许多多的文人墨客都热衷于在崖壁间留下自己的印迹。他们或是题诗咏歌，或是在此传道授业著书立说，成就一番文化盛举，留下了大量的文化古迹和宝贵的精神资源。理学大家朱熹，就在这片山水间度过了整整半个世纪的时光，他的理学思想，构筑了中国宋代至清代700余年处于统治地位的思想体系。也许古人不曾想到，多年以后当人们重提武夷山的时候，迷恋的不光是他们游览过的同一片丹霞，还有文思泉涌间无意留存的文化印痕。

文化之脉，有时凝聚在有形的事物上，比如武夷山的摩崖石刻；有时，也弥漫在人们的生活肌理中，如湖南南山的非物质遗产。

南山国家公园体制试点所在的城步县是一个苗族自治县，天然是一个被民俗文化萦绕的自然圣境。多情浓郁的山歌、生龙活虎般的苗族吊龙等诸多原汁原味的民族活动，是国家公园体制试点内取之不尽、用之不完的文化福地。

区域内的苗族刺绣是国家级非物质

武夷山国家公园体制试点区风光

武夷山国家公园体制试点　遨游霄汉
（图片由武夷山国家公园管理局提供　摄影：彭善安）

文化遗产。祖祖辈辈生活在南山深处的苗族妇女，根据自己独特的审美情趣和对自然生活的感受，用五色丝线在苗布上插绣，形成立体的图案花色，古拙淳朴，仿佛是对大自然之美的艺术馈赠；舞出世界的城步吊龙同样是一门集手工艺术、绘画、表演、音乐、武术等综合为一体的古老艺术，别具匠心的吊龙技法以及舞龙者灵活快捷的步伐，无不让人惊叹，大山深处的民间文化是如此精彩绝伦。当然，还有代代相传的"木叶吹歌"，名扬国内的六月六山歌等，都是苗族同胞聪明才智的集中表现，其中所蕴含的技艺特点和原真性，也是国家公园体制试点区文化内涵的大力彰显。

当然，文化的功能还不止于提供观赏，有时还支撑着一股精神信念。触摸它的脉动气息，你能明显地感受到一种力量在牵引你归于淳朴，与天地一体。

比如在青藏高原，深刻的藏族文化信仰就为野生动物保护创造了天然的观念基础，庇护着三江源国家公园体制试点区的自由生灵们。

纪录片《第三极》里，科学家乔治·夏勒博士曾讲述过一段经历让人印象深刻：高原上数不清的黑色小毛虫因季节原因尽数蜷曲横亘在公路中间，挡住了人们的去路，而来往的路人全都不约而同地停在了道路两旁，纷纷拿出随身携带的小塑料桶和小刷子将这些小毛虫小心翼翼捡进桶中，最后送入草原深处放生。过程中没有一个人露出鄙夷和不屑，大家都全神贯注，神态祥和。于是，这位资历深厚、年过耄耋、踏遍世界各地的科学家被深深震撼了。基于文化的信仰，生命在这里，从来都是被如此崇高而神圣地敬重着。

走进国家公园，除了能够领略到自然景观的纷繁多姿外，你一定还会感受到来自生命世界的秩序与壮美。在祁连山，你会惊叹于雪豹在近乎垂直的峭壁上也能穿梭自由，那是得益于经过长期进化形成的具有平衡功能的大尾巴；在大熊猫栖息地，你会发现这里除了有以卖萌取胜的明星动物外，还生长着穿越时空孑遗至今的珙桐树，是名副其实的"植物活化石"；深入海南热带雨林，你会惊奇树木茎干上竟长着许多毛茸茸的气生根，那是乔木对高温多湿环境的长期适应……

可以说，进化到今天，生命对自然生态系统的运行规律都有了精确而完美的适应表达。当我们陶醉于国家公园的美轮美奂时，肯定也不想错过这美丽背后的神秘精巧吧。

在祁连山国家公园体制试点的高原草甸上，有一类很像老鼠却没有尾巴的小动物，身材娇小又结实，行动俏皮敏捷。它们时不时从洞口探出小脑袋，透着好奇的眼神来观察你，绝对可爱满分。因为像鼠又像兔，人们称之为鼠兔。

鼠兔绝对是动物界名副其实的"洞穴工程师"。作业时可以精细还原出脑中设计的构造蓝图，最后的作品常令我们人类建筑师也惊叹不已。

洞穴建好了，也吸引了"不速之客"的到来。高原上的雪雀常常隐匿其中，反客为主，毫无羞愧之意。科学家研究得出，这种"鸟鼠同穴"的现象其实是一种睿智的跨种族互助关系——雪雀利用洞穴来躲避高原强烈的辐射或冰雹，鼠兔也可借助雪雀的惊鸣来报警。这种看似畸恋却又十分和谐的组合方式，委实是物种间相互依存来适应外界环境的一个范例。

让我们再把目光投射到华中地区。在神农架国家公园体制试点，巴山冷杉坚韧不拔地傲立于群山之巅，散发着一

种遗世独立的天地大美。

巴山冷杉生活的区域，是接近山脊的陡峻山坡，在这样陡峭的石坡上，想要扎根站稳，想要吸收水分和营养，是非常艰难的。可是，因为地衣苔藓的大量存在，一切都发生了改变。千万年来，地衣苔藓生生死死，死去的变成了泥土，一层层累积起来，活着的继续叠加生长，它们密密麻麻如一张大网，把枯枝败叶等网罗其中，变成有利于冷杉生长的腐殖质。正是这些默默无闻的地衣苔藓，为冷杉保温保湿、提供着养料和水分，并让其根脉维系其中，从而抵御住了狂风的侵袭，稳站山巅。千万年来，时空转变，巴山冷杉和地衣苔藓在漫长的自然进化史中，书写着一段荣辱与共、肝胆相照的革命情谊。

在国家公园，如果用心观察，还会发现许多这样的物种故事。它们或是抱团取暖，或是相互竞争，或是傲然独立，都在漫长的时空演替中摸索出了一套独到的生存密码。

它们是湖南南山的红豆杉，为了繁殖，拼命地把种子长得好看点，以鲜艳的红色吸引空中的鸟类；而鸟儿则帮助红豆杉把种子"飞"到更远的地方。

它们是海南热带雨林的长臂猿，练就了一身独特的"臂行"绝技，如体操运动员般在林冠间自由翻腾，其比身体还要修长的双臂是对自然环境最好的进化适应……

凭借着这些生存技巧，物种们各有主张却又秩序井然地生活在一起，虽历经万年而不乱章法。似乎在用实际行动告诫人类：永续发展之道就蕴藏其中。

江山如此多娇，想用任何语言描绘国家公园的全部似乎都是徒劳的。时间用宏大的叙事手法耐心地编织着一个个关于美的故事，如此高贵，却又平易近人。超然不问世事，又无时不在尘世中，沉默着、思想着，散发出万般慈爱的圣洁光辉。或许，那就是这片土地上已经越来越彰显的高尚情怀吧！

张小鹏

大熊猫国家公园体制试点内桌山远眺
（摄影：宋心强）

3.2
三江源国家公园体制试点

青海省
试点位于

123100km²
试点面积

2015年
试点开始时间

三江源国家公园
THREE-RIVER-SOURCE NATIONAL PARK

在超过12万平方公里的三江源地区开展全新体制的国家公园试点，努力为改变"九龙治水"、实现"两个统一行使"闯出一条路子，体现了改革和担当精神。要把这个试点启动好、实施好，保护好冰川雪山、江源河流、湖泊湿地、高寒草甸等源头地区的生态系统，积累可复制可推广的保护管理经验，努力促进人与自然和谐发展。

——习近平

一、基本情况

三江源国家公园体制试点位于青海省南部，地处青藏高原腹地，是长江、黄河、澜沧江的发源地，素有"中华水塔"之称。三江源国家公园体制试点区总面积12.31万平方公里，涉及治多、曲麻莱、玛多、杂多4县和可可西里自然保护区管辖区域。范围包括可可西里国家级自然保护区（可可西里世界自然遗产地）、三江源国家级自然保护区的扎陵湖－鄂陵湖、星星海、索加－曲麻河、果宗木查和昂赛5个保护分区及其毗邻的重要生态区域。

三江源国家公园旨在保护由昆仑山脉的巴颜喀拉山、阿尼玛卿山及唐古拉

黄河源
（图片由三江源国家公园管理局提供　摄影：赵金德）

01-高原湖泊（摄影：李友崇）

02-格拉丹东冰川（摄影：李晓南）

03-冰川（摄影：赵金德）

04-昂赛丹霞风光（摄影：成林曲措）

05-雪山一角（摄影：李友崇）

（图片由三江源国家公园管理局提供）

山发育的雪山、冰川、河流、湖泊、沼泽等构成的复合生态系统，在世界自然遗产保护中具有举足轻重的地位。这里有世界第三极最具有代表意义的冰川雪山、高寒草原、高原湿地及荒漠生态系统，是全球雪豹、藏羚羊、野牦牛等代表性野生动植物生存的关键栖息地。

同时，三江源提供长江25%、黄河49%和澜沧江（湄公河）15%的水量，是中国和东南亚至关重要的水源地。这里平均海拔4500米以上，冰川耸立，雪原广袤，河流、沼泽与湖泊众多，面积大于1平方千米的湖泊有167个。长江、黄河、澜沧江源头景色迷人，各具特色。长江源区以俊美的高山冰川著称；黄河源头湖泊星罗棋布，呈现"千湖"奇观，鄂陵湖和扎陵湖如两颗镶嵌在高原草地的明珠，澜沧江源头峡谷两岸不仅风光无限，更是高原生灵的天堂。

二、三江源国家公园形象标识

绿色的主色调诠释了习近平总书记"绿水青山就是金山银山""要保护好三江源"，保护好"中华水塔"，确保"一江清水向东流"的核心命题。塔式设计凸显了"中华水塔"和三江源作为国家生态安全屏障的重要地位。山体的稳健设计代表昆仑山、唐古拉山、巴颜喀拉山和阿尼玛卿雪山，寓意三江源地处"万山之宗"。梯次结构代表了中国地理的三级阶梯和世界第三极，寓意三江源为江河之源。塔式结构蕴涵"人"字符号，象征人与自然和谐共生。3条动态飘带，既代表这里是长江、黄河、澜沧江的发源地，又象征雪域高原洁白的哈达，同时寓意三江之水源源不断滋润华夏大地。其包含的江河一泻千里、奔腾不息的形象化展示，充分体现了中华民族自强不息的精神和传统文化的丰厚源深。蓝色文字"三江源国家公园"代表天空、冰川、雪山、湖泊等三江源地区生态要义。英文用紫色代表植物的色调，体现形象标识的国际融合和三江源国家公园对外开放及广泛合作交流的国际视野。

三、荒野的野生动物

三江源的高寒草原—草甸—湿地生态系统，形成了以草地为主的高寒植被区及其植物资源，它不仅是中国四大牧区之一的青南高原地区的重要部分，也为青藏高原特有的以藏羚羊、野牦牛、藏野驴、藏原羚等为代表的大中型食草类动物种群，提供了良好的栖息黄金，成为它们的大种群集中分布区，同时还为高原上的雪豹、狼等肉食动物种群的生存提供了食物来源。

1. 福娃"迎迎"的原型——藏羚羊

藏羚羊是青藏高原动物区系的典型代表，是构成青藏高原自然生态的极为重要的组成部分。我国政府在藏羚羊重要分布区先后划建了青海可可西里国家级自然保护区、新疆阿尔金山国家级自然保护区、西藏羌塘自然保护区等多处自然保护区，成立了专门保护管理机构和执法队伍，经过多年保护，可可西里、三江源、阿尔金山、羌塘四大自然保护区境内的藏羚羊数量已恢复到30万只。其中在三江源地区的藏羚羊种群数量已经由20世纪80年代的不足2万只恢复到目前的7万多只，青藏公路沿线经常可以看到藏羚羊及其他野生动物采食、嬉戏、活动的场景，成为青藏线上一道美丽的风景。

2008年北京奥运会5个吉祥物中，"迎迎"的形象就源于机敏灵活、驰骋如飞、活泼可爱的藏羚羊。藏羚羊符合"更高、更快、更强"的奥运精神；也符合"绿色奥运"的科学理念。藏羚羊的身上有着在恶劣的自然环境中造就的顽强的毅力和拼搏进取的精神，这是青藏高原的精神，也是青海人的精神。藏羚羊以其独特的气质、坚韧的品格，受到了世人的喜爱，也成了三江源的一张黄金名片。

2. 野牦牛

广泛分布于青藏高原及其毗邻地区，是高寒地区的特有牛种，全世界94%以上的野牦牛生活在我国。野牦牛适应高寒生态条件，耐寒、善走陡坡险路、雪山沼泽，能游渡江河激流，有"高原之舟"之称，在高寒地区牧区具有不可替代的地位。

3. 雪豹

雪豹是一种重要的大型猫科食肉动物和旗舰种，由于其常在雪线附近和雪地间活动，故名"雪豹"。原产于亚洲中部山区，中国的天山等高海拔山地是雪豹的主要分布地。其皮毛为灰白色，有黑色点斑和黑环，尾巴长而粗大，有"雪山之王"之称。是中亚高山及青藏高原山地生物多样性旗舰物种，被IUCN列为全球的濒危物种，是三江源地区最有代表性的大型食肉动物。

01	02
03	04
05	06
07	

01-藏羚羊群（摄影：赵新录） 02-藏野驴（摄影：李友崇）

03-藏原羚（摄影：赵金德） 04-野牦牛（摄影：赵新录）

05-藏羚羊（摄影：赵新录） 06-野牦牛（摄影：李友崇）

07-湿地初秋（摄影：赵金德） （图片由三江源国家公园管理局提供）

三江源是我国一块可以媲美非洲大草原陆生野生动物的区域。是一座依然鲜活的、无与伦比的野生动物标本库。雪豹是三江源地区最有代表性的大型食肉动物。由于雪豹生活在陡峭的山区，人们难以到达，迄今为止对雪豹知之甚少。

保护雪豹需要全社会的参与和科学与政策的综合支持。除了保护体系，让当地村民直接参与雪豹的保护行动，并从中获得直接的收益，是把雪豹保护落在实处的一个关键举措。

三江源国家公园管理局支持北京大学山水自然保护中心在澜沧江源园区开展雪豹调研监测，建立自然观察合作社，培训当地牧民生态管护员成为牧民科学家，并以讲座、自然教育课堂等形式扩大自然教育影响力。组建藏羚羊护航队和农牧民摄影队，通过培训使农牧民掌握生态保护、摄影摄像、科研监测基础知识，参与各类自然环境教育活动。

01
——
03 | 02

01- 黄河源园区管护员开展野生动物监测
02- 绿色江河工作人员和农牧民管护员在安装监测设备
03- 自然教育培训
（图片由三江源国家公园管理局提供）

四、藏羚羊的守护者——索南达杰

杰桑·索南达杰（1954—1994年），藏族人，曾担任青海省玉树藏族自治州治多县县委副书记，于1992年创立治多县西部工作委员会（西部工委），开展可可西里地区生态保育的工作，曾12次进入可可西里无人区，亲自进行野外生态调查及以藏羚羊为主的环境生态保育工作。1994年1月18日，在与盗猎者的搏斗中牺牲。1996年5月，原国家环保局、林业部授予索南达杰"环保卫士"的称号。

为了纪念索南达杰，可可西里保护区的第一个保护站便以他的名字命名。

索南达杰自然保护站是可可西里地区建站最早、名气最大的保护站，主要任务是接待游客与救治藏羚羊。

一个索南达杰倒下了，可可西里自然保护区管理局的全体保护人员义无反顾地踏上了征程，踏着索南达杰的足迹，在茫茫无人区爬冰卧雪、风餐露宿，与武装盗猎分子浴血奋战，在法治化、规范化的轨道上无私奉献，在保护可可西里生态环境和藏羚羊等野生动物的战场上前仆后继，不断守护着这片净土上的生灵。

01－杰桑·索南达杰

02－索南达杰保护站

03－《可可西里坚守精神》精品党课在上海宣讲

（图片由三江源国家公园管理局提供）

生态管护员开展巡护工作

（图片由三江源国家公园管理局提供）

可可西里

（图片由三江源国家公园管理局提供　摄影：赵新录）

五、生态管护员

2018年三江源国家公园实现了园区内生态管护公益岗位"一户一岗"全覆盖，17211名（含建档立卡贫困户7398户）生态管护员全部持证上岗，建立了管护岗位生态保护业绩与收入挂钩机制，实行考核奖惩和动态管理，年终进行"一岗一图一表一考核"，考核合格的生态公益管护员月报酬1800元。园区内17211户牧民户均年收入增加21600元，6.4万牧民年均增收5800余元，全部实现脱贫，并建立了长效保障机制。

六、中国最大、最高的世界自然遗产地

可可西里具有未被人为干扰的丰富的自然美学景观，生物与生态维持了原始的面貌。可可西里遗产地是青藏高原上最完整的高原夷平面和高原盆地，从3亿多年前开始，这里几乎完整地经历了沧海桑田的海陆变迁过程。2017年7月7日，联合国教科文组织第41届世界遗产委员会大会上，青海省可可西里成功列入《世界遗产名录》。成为我国面积最大、海拔最高，保存青藏高原典型高寒生态系统及代表性物种最为完整和湖泊数量、种类及密度最为丰富的自然遗产，填补了青藏高原世界自然遗产的空白，成为创建三江源国家公园的最大亮点，提升了国际上的影响力、美誉度、知名度和关注度。

可可西里被列入世界自然遗产名录，成为我国面积最大的世界自然遗产地

孙鸿雁

3.3
大熊猫国家公园体制试点

四川、陕西、
甘肃省
试点位于

27134km²
试点面积

2016年
试点开始时间

一、认识大熊猫

有一种神奇的动物，它体色黑白相间，有着两个大大的黑眼圈，外形样子憨厚呆萌可爱，它的"萌"足以征服全世界，多少人不远万里，排队数小时只为一睹它的容颜，它是带着神秘东方力量的世界巨星——大熊猫。

大熊猫（*Ailuropoda melanoleuca*）是我国特有物种，是国家一级保护动物，被誉为"中国国宝"，属于食肉目、熊科、熊猫亚科和大熊猫属唯一的哺乳动物，成年大熊猫体长约为1.2~1.8米，体重最大接近200千克。大熊猫是中国特有的物种，在我国被称为"国宝"和"活化石"，它在地球上至少已有800万年的生存历史。

1. 大熊猫到底有几只？

据第四次全国大熊猫野外种群调查结果显示，全国野生大熊猫种群数量达到1864只，分布在四川、陕西、甘肃三省的17个市（州）、49个县（市、区），栖息面积达258万公顷，潜在栖息地91万公顷，大熊猫相关保护地数量达67处，全国圈养大熊猫数量达到375只。

大熊猫
（图片由大熊猫国家公园管理局提供 摄影：赵纳勋）

2.明明长得像熊，为什么叫"熊猫"呢？

据考证，在古代大熊猫的名字也叫貘、白熊、食铁兽、虞等，由于它脸型像猫，近代最初定名本叫"猫熊"，19世纪40年代某动物园举办动物标本展览时，标本标牌采用了国际书写格式，即从左往右书写，但当时中文的习惯读法是从右往左读，所以就将"猫熊"读成了"熊猫"，久而久之公众就习惯了"熊猫"。

3.大熊猫的饮食

大熊猫的特别不止因为它的稀有和"呆萌"，还有它特殊的食性。其他熊科动物可以说基本上什么都吃，是典型的杂食性动物，可大熊猫完全与之不同，它特别喜欢吃竹子，几乎完全靠吃竹子为生。但是千万不要被它"呆萌"的外表所迷惑，它可不是完全"吃素"的，大熊猫其实是属于食肉目动物，偶尔也"吃肉"。由于饮食习惯长期进化的结果，大熊猫咬合力极大，甚至可以媲美北极熊。所以，大熊猫长相可爱，性情温和、娇憨柔弱只是一种假象，它其实是非常有杀伤力的。

"蜀道之难，难于上青天"，但对于大熊猫来说，那里却是它们的家，是它们的天堂。大熊猫饮食的特殊性，决定了它必须生活在竹类生长环境良好的区域，它对生活环境、繁衍条件的要求也十分苛刻，一旦离开了原本的栖息地，那是相当难"伺候"的。

二、为什么要建立大熊猫国家公园

1.大熊猫生存依然有风险

大熊猫栖息地之前存在的各类自然保护地缺乏统一规划，保护范围存在真空地带，难以全面完整保护大熊猫及其栖息地，在一定程度上造成了大熊猫栖息地碎片化。目前，全国已知的1864只野生大熊猫被分割成33个局域总群，其中22个种群个体数量少于30只，18个种群数量少于10只，种群灭绝风险依然较高。

1864 只
全国已知的野生大熊猫

2.建立大熊猫国家公园体制试点意义重大

大熊猫国家公园体制试点由国家批准设立并主导管理，以保护大熊猫及其栖息地自然生态系统为主要目的，以实现自然资源科学保护和合理利用。

建立大熊猫国家公园体制试点，能够有效解决大熊猫栖息地孤岛化和碎片化问题，有效解决相关保护地交叉重叠、多头管理的问题，有利于增强大熊猫栖息地连通性和完整性，有利于大熊猫种群稳定繁衍。大熊猫栖息地重要自然生态系统完整性、原真性得到有效保护，形成自然生态系统保护的新体制新模式，促进生态环境治理体系和治理能力现代化，保障国家生态安全，实现生态保护与经济社会协调发展，实现重要自然资源国家所有、全民共享、世代传承，对于推进自然资源科学保护和合理利用，形成人与自然和谐共存的新局面，推进美丽中国建设，具有极其重要的意义。

同时，建立大熊猫国家公园体制试点区是展现中国形象的重要方式，能有效提高我国在全球生态安全方面做出重大贡献的宣传效果，也能够增强公众对自然保护的自觉性，使公众能够从思想上、行动上受到教育，全面提高公众生态文明素质。

大熊猫：有心事了

（图片由大熊猫国家公园管理局提供　摄影：雍立军）

大熊猫国家公园体制试点风光
（图片由大熊猫国家公园管理局提供 摄影：任文博）

三、大熊猫国家公园体制试点

2017年1月31日，《大熊猫国家公园体制试点方案》（以下简称《方案》）印发。《方案》将四川、陕西、甘肃三省的野生大熊猫种群高密度区、重要栖息地、种群遗传交流廊道等整合划入大熊猫国家公园体制试点，总面积为27134平方公里，分为四川省岷山片区、邛崃山—大相岭片区，陕西省秦岭片区和甘肃省白水江片区，其中四川片区占地20177平方公里，占74.36%，甘肃片区面积2571平方公里，占9.48%，陕西片区4386平方公里，占16.16%。

四、走进大熊猫国家公园体制试点

试点区位于生态地理区上的北亚热带和亚热带与暖温带的过渡区，岷山和邛崃山是我国第一级阶梯与第二级阶梯分界线、亚热带季风气候区与青藏高寒气候区界线之一。而秦岭则是我国重要的南北地理分界线、亚热带与暖温带分界线、黄河水系与长江水系重要分水岭。试点区保护的生态系统主要是以大熊猫栖息地为主体的亚热带山地常绿阔叶林和亚高山暗针叶林的森林生态系统，在亚热带和暖温带地理区中具有典型性和代表性。试点区是我国重要生态安全

熊猫过河（图片由大熊猫国家公园管理局提供　摄影：唐流斌）

01-朱鹮（摄影：赵纳勋）
02-绿尾虹雉（摄影：邓建新）
03-红外相机拍摄的雪豹
04-红外相机拍摄的母子熊猫
（图片由大熊猫国家公园管理局提供）

01	02
03	04

屏障的关键区域，位于"两屏三带"的黄土高原—川滇生态屏障内，以及重要生态功能区中的秦岭山地生物多样性保护与水源涵养功能区和岷山—邛崃山生物多样性保护与水源涵养功能区。区域内有完整的自然植被带、大熊猫栖息地世界自然遗产地、都江堰—青城山世界文化遗产地和黄龙世界自然遗产地、安州典型稀有的深水硅质海绵礁生物化石遗迹。

该区域复杂的地形和丰富的湿热条件，孕育了丰富的生物多样性和特有动植物物种，是全球34个生物多样性热点地区之一，是中国生物多样性保护之岷山—横断山北段生物多样性保护优先区域和秦岭生物多样性保护优先区域。

据初步统计，区域内有脊椎动物640种，其中哺乳类141种、鸟类337种、两栖和爬行类77种、鱼类85种。有国家重点保护野生动物138种，国家一级保护野生动物有大熊猫、川金丝猴、云豹、金钱豹、雪豹、羚牛、林麝、朱鹮、绿尾虹雉等，国家二级保护野生动物有藏酋猴、亚洲金猫、黑熊等。有种子植物197科1007属3446种，其中，国家重点保护野生植物66种，国家一级保护野生植物有红豆杉、南方红豆杉、独叶草、珙桐、光叶珙桐等，国家二级保护野生植物有连香树、水青树、独花兰等。根据全国第四次大熊猫调查显示，试点区内有野生大熊猫1631只，占全国野生大熊猫总数量的87.50%。

王蒙

3.4
东北虎豹国家公园体制试点

吉林、
黑龙江省
试点位于

14612km²
试点面积

2016年
试点开始时间

东北虎豹国家公园
NORTHEAST CHINA TIGER AND LEOPARD NATIONAL PARK

一、源起

中国是虎的发源地，也是世界上虎亚种和豹亚种分布最多的国家。历史上，在中国东北地区，野生东北虎和东北豹"众山皆有"，它们是森林中真正的王者。但随着人类的生活定居，野生东北虎和东北豹可以生活的栖息地面积急速萎缩，数量急剧减少。据有关资料显示，20世纪50年代，我国仍有近200只野生东北虎广泛分布于东北林区，而当时俄罗斯仅分布有30~40只。20世纪90年代末，中国境内分布的种群数量经粗略评估，已经减少至不到20只，俄罗斯种群数量通过保护和恢复却增加到近500只。

庆幸的是，由于天然林保护工程的实施，我国东北虎豹的栖息地得到逐步恢复，种群数量也稳步上升。国家林业和草原局东北虎豹监测与研究中心通过10年的红外相机监测数据发现：2012—2014年期间，中国境内的东北虎已达到27只，东北豹42只。

2016年12月，东北虎豹的命运迎来了历史性契机。中央全面深化改革领导小组第三十次会议审议通过《东北虎豹国家公园体制试点方案》，正式开启了东北虎豹国家公园体制试点工作，对保护东北虎、东北豹野外种群栖息繁衍，维持生态系统原真性、完整性，推动东北虎、东北豹跨境保护合作，具有重要意义。

标志设计理念追求动物与自然和谐的有机融合。造型来源于秦代虎符，并采用中国传统绘画中的线来表达东北虎豹的独特神韵，意在表达"山助虎豹威，虎豹增山雄"的生态主题。虎呈卧姿，展现其气势的威严；豹子悠然踱步的状态，突出东北虎豹国家公园"尊重自然规律，保护生态完整性"的目的。绿色预示着东北虎豹国家公园完整的生态系统，给了东北虎豹一个绿色和谐的家园。

二、走进"大猫"的家

东北虎豹国家公园体制试点位于吉林、黑龙江两省交界的老爷岭南部区域，跨吉林、黑龙江两省，与俄罗斯、朝鲜接壤，总面积146.12万公顷，其

东北虎豹国家公园体制试点风光
（图片由东北虎豹国家公园管理局提供 摄影：陈化鑫）

中吉林省片区面积101.43万公顷，占69.41%；黑龙江省片区面积44.69万公顷，占30.59%。

试点区处于亚洲温带针阔叶混交林生态系统的中心地带，区域内的自然景观壮丽而秀美。老爷岭群峰竞秀，林海氤氲。高大的红松矗立林海，千年的东北红豆杉藏身林间。这里的四季是五彩的。每年积雪尚未消融，款冬、顶冰花等早春植物就已钻出地表。春风拂来，五颜六色的野花次第绽放，在森林地表铺就一层，形成林下花海。夏季，绿涛阵阵，山涧潺潺；秋风送爽时节，国家公园内又是一场视觉的盛宴，万山层林尽染；

冬季的林海雪原，一望千里，气势磅礴。

1. 植物的海洋

试点区内保存着极为丰富的温带森林植物物种。分布有种子植物约800种，包括国家一级保护野生植物东北红豆杉和长白松，国家二级保护野生植物红松、钻天柳、水曲柳等。其他具有重要保护价值的植物还有人参、松茸、党参等。更为神奇的是，在如此高纬度的地区却存在着起源和分布于亚热带和热带的芸香科、木兰科植物，如黄檗、五味子等。在历史漫长的进化演变中，这些物种随着地球的变迁，最终在这里的崇山峻岭中孑遗。

2.动物的天堂

试点区所处吉林、黑龙江2省交界处的老爷岭南部、大龙岭、哈尔巴岭一带，是野生东北虎、东北豹最主要的活动区域，分布有我国境内规模最大且唯一具有繁殖家族的野生东北虎、东北豹种群。除此之外，富饶的温带森林生态系统，养育和庇护着完整的野生动物群系。这里保存了东北温带森林最为完整、最为典型的野生动物种群。目前，在试点区范围内就生活着中国境内极为罕见、由大型到中小型兽类构成的完整食物链。记录有野生脊椎动物约400种，其中哺乳类约60种、鸟类260余种。

每年春天，各种鸫类、鸲类、鹟类等林栖鸟类开始从南方返回，为当年的繁殖做好准备。位于试点区旁的图们江口湿地被国际列为亚洲重点鸟区，每年春去秋来，壮观的雁鸭类迁徙大军便在此停息补充能量，然后沿着试点区内南北走向的山脉继续南下北往。

试点区濒临日本海，在海洋气候的影响下，这里环境湿润，水系发达。著名的跨国河流绥芬河发源于试点区内，充沛的水源也为两栖动物提供了良好的生存基础。每年4月中下旬，中国林蛙、东方铃蟾、粗皮蛙、花背蟾蜍、极北小鲵等开始从蛰伏中苏醒，来到静水洼或池塘产卵，产完卵后，成蛙开始进入山林。待蝌蚪孵化变态为成蛙后，也会进入山林生活。进入秋天，它们又开始纷纷从山林中走出，跳进河流、湿地蛰伏

东北虎豹国家公园体制试点秋季景观
（图片由东北虎豹国家公园管理局提供）

避冬。发达的水系同样养育了丰富的鱼类资源，比如大麻哈鱼、雅罗鱼、哲罗鱼。值得一提的是，在图们江、鸭绿江和绥芬河水系上游支流的山涧溪流中，生长着一种中小型冷水稀有鱼类——花羔红点鲑，这是世界上最著名的5种鲑鱼之一，中国境内仅生两岸森林茂密，且水流湍急、清澈的区域。

三、认识"大猫"

东北虎

又称西伯利亚虎，是虎的亚种之一。

濒危等级：列入《世界自然保护联盟（IUCN）濒危物种红色名录》濒危（Endangered, EN）。列入《华盛顿公约》（《濒危野生动植物种国际贸易公约》，CITES）附录 I。

形态特征：现存体重最大的肉食性猫科动物，其中雄性体长可达3米左右，成年雄性平均为250千克，也有达到350千克。头部前额上的数条黑色横纹，中间常被串通，极似"王"字，故有"丛林之王"之称。

栖息环境：栖居于森林、灌木和野草丛生的地带。独居，无定居，具领域行为，活动范围可达100平方公里以上。

食物：主要捕食鹿、羊、野猪等大中型哺乳动物，也食小型哺乳动物和鸟。捕食方式为偷袭。

东北虎监测影像
（图片由东北虎豹国家公园管理局提供）

东北豹

又称远东豹，是豹的一个亚种。

濒危等级：列入《世界自然保护联盟（IUCN）濒危物种红色名录》极危（Critically Endangered, CR）。列入《华盛顿公约》（《濒危野生动植物种国际贸易公约》，CITES）附录Ⅰ。

形态特征：是北方寒带地区体型仅次于东北虎的大型猫科动物，头小尾长，四肢短健；毛被黄色，满布黑色环斑；头部的斑点小而密，背部的斑点密而较大，斑点呈圆形或椭圆形的梅花状图案。

栖息环境：生活于森林、灌丛、湿地、荒漠等环境，其巢穴多筑于浓密树丛、灌丛或岩洞中。

食物：捕食各种有蹄类动物，也捕食猴、兔、鼠类、鸟类和鱼类，秋季也采食甜味的浆果。

东北豹监测影像

（图片由东北虎豹国家公园管理局提供）

四、"大猫"的前世今生

1. 东北虎的前世

据国际野生生物保护学会（WCS）俄罗斯科学家估计，19世纪末，全世界东北虎的总数约有2000~3000只，中国约有1200~2400只。

随着清朝覆灭，禁区开放，各地移民大量迁入东北地区，东北虎也经历了一场前所未有的浩劫。由于人口增长、林区面积减少以及无节制的大量捕杀，东北虎的种群数量大幅度下降，其分布范围也迅速向北退缩。

20世纪30年代，东北虎尚有500只以上，且大部分分布于中国境内。

20世纪50年代以后，中国"捕虎运动"及林区人口数量激增，东北虎被迫迁移到干扰较少的俄罗斯远东地区，西南边界已退到吉林省辉发河流域和集安、浑江一带。

1953—1957年，中国科学院动物研究所的野外调查表明，东北虎在中国的数量已不足200只。

1974—1976年调查时，辉发河流域和鸭绿江上游集安境内已没有虎分布，抚松境内也仅存6只东北虎，至此东北虎分布区的西部界线已退缩到抚松以东。

1981—1984年时，长白山一带的东北虎分布区四分五裂，形成几个孤立的分布区域。这意味着东北虎将难寻配偶、延续种族。20世纪80年代末期，长白山区的虎已经基本绝迹，只有少数个体残存于吉林珲春。

1998年和1999年两次大规模东北虎数量调查结果显示，吉林省长白山区东北虎的数量为7~9只，分布区也由20世纪90年代初散布于长白山区退缩为两个较狭窄的分布区。

1999年，由WCS参加的国际调查队在黑龙江进行了两个多月的野外调查结果表明，黑龙江省的野生东北虎的数量急剧下降，从20世纪30年代的500

东北虎豹国家公园体制试点冬季景观
（图片由东北虎豹国家公园管理局提供）

东北虎豹国家公园体制试点秋季景观

（图片由东北虎豹国家公园管理局提供）

多只已下降至当时的5~7只。

2. 东北豹的前世

东北豹曾广泛分布于俄罗斯远东地区，中国东北黑龙江、吉林和朝鲜半岛北部的森林中。1970—1983年，有大量东北豹被捕杀。俄罗斯远东地区（1998年估计）有40只野生东北豹，朝鲜（1998年估计）有大约10头野生东北豹保留在森林里，中国野生东北豹的数量估计为10~15只，韩国的最后一头野生东北豹在1969年被射杀了。

1999年统计，有223只东北豹被饲养在71个动物园，其中有95只在北美洲的动物园。中国约有10只左右，在俄罗斯大概有30多只。

3. "大猫"的困境

虎皮、虎骨的药用价值，导致它们长期以来就是人们乐于狩猎的对象。我国东北地区从20世纪80年代以来就逐步限制最终禁止狩猎，私藏枪支更是非法的。所以猎套就成为现今最主要的捕猎野生动物的方式。虽然猎套捕捉的主要对象是东北虎的猎物，但这不仅也会伤及"大猫"，同时使东北虎豹受到食物资源匮乏的危机。

由于多年来的大规模森林砍伐、村镇等居民区扩大、工农业用地以及道路系统发展，东北虎豹栖息的森林大量消失。随之消失的还有其中的野生动物。大面积的人类用地还使仅存的东北虎豹栖息地处于破碎状态，栖息地的隔离使东北虎豹的活动受到限制，个体之间无法交流，难以寻找配偶。人类活动的干扰，如放牧、采矿、修路、采集林下产品等也影响了东北虎豹的捕食、交配等日常活动。

地下森林

（图片由东北虎豹国家公园管理局提供）

五、让"大猫"重返家园

保护东北虎豹仅仅是为了让这两个物种的数量增加吗？当然不是。东北虎豹是森林生态系统中的顶级捕食者，如果一片森林中有东北虎豹的足迹，那就说明这里还有其他各种动物，而环境中的植物种类和数量，也能养活这些动物。虎豹种群的健康稳定，体现了食物链和生态过程的完整，意味着特定自然生态系统还保持原真性和完整性，标志着整个自然生态系统健康稳定，生态服务功能正常发挥。

东北虎豹国家公园的建立，就是为

了打造野生东北虎豹稳定的栖息地。使得栖息地适宜性和联通性增强，猎物种群密度明显增加，食物链得到有效恢复，东北虎豹生存环境显著改善，种群数量稳步增长，让虎豹重返家园，形成稳定的东北虎豹繁殖扩散种源地。体制试点以来，东北虎豹国家公园管理局开展了多项措施：开展了打击乱捕滥猎专项行动，常态化开展清套巡护工作，推进"天地空"一体化监测体系建设等。为帮助虎豹迁移和稳定繁殖，2018年初，东北虎豹国家公园管理局与世界自然基金会（WWF）合作，在大龙岭和老爷岭扩散廊道进一步识别出数条东北虎豹的迁移通道，未来将在关键区域开展退耕还林和廊道修复。东北虎豹跨境自然保护区合作正在推进，国家林业和草原局东北虎豹监测与研究中心和俄罗斯豹之乡国家公园的科学监测网络无缝连接，已经连续多年对中俄跨境东北虎豹种群及其动态监测提供科学数据。这些工作的持续开展，将有效推动东北虎豹及其栖息地的保护。

目前，东北虎豹国家公园的虎豹保护工作取得了初步成效：中国野生东北虎豹生存环境得到逐步改善，猎物种群局部区域快速增长，食物链开始恢复，野生东北豹种群开始扩大，野生东北虎豹数量稳中有升。虎豹专家冯利民认为，中国东北虎豹保护的国际影响力明显增强，为全球科学开展濒危物种保护和生态系统整体恢复提供了中国方案。东北虎豹国家公园正在成为野生动物跨区域和国际合作的典范，成为中国生态文明建设的一张亮丽名片。

"天地空"一体化监测体系

安装在东北虎豹国家公园的野生动物、水文、气象、土壤等监测终端，可以从野外实时回传大量的水、土、气、生等自然资源监测数据，包括东北虎、东北豹等珍稀濒危物种数据，实现了对自然生境下野生东北虎豹野外生存状况的全面跟踪。目前，该系统已覆盖了东北虎豹国家公园体制试点区内近万平方公里的区域，不久的将来，这套系统将覆盖东北虎豹国家公园全域。届时，10万余个各种类型的监控终端将遍布国家公园的各个角落，对区域内的虎豹等野生动物和自然资源，达到真正的精准化、智能化监测、评估和管理。此外，还能及时发布预警、预告等信息。2021年，监测网络多次预警有虎豹在野外活动，监测人员立即发出警报，取消野外巡护，禁止村民随意进入虎豹活动区，避免了可能的人虎冲突，实现了"看得见虎豹，管得住人"的目标。

宋天宇

3.5
海南热带雨林国家公园体制试点

海南省
试点位于

4403km²
试点面积

2019年
试点开始时间

海南热带雨林国家公园
NATIONAL PARK OF HAINAN
TROPICAL RAINFOREST

海南岛雨林是世界热带雨林的重要组成部分，海南岛热带雨林是我国分布最集中、保存最完好的岛屿型热带雨林。海南热带雨林国家公园体制试点总面积4403平方公里，位于海南岛中南部，约占海南岛总面积的1/7。范围涉及9个市县，包括五指山、鹦哥岭、尖峰岭、霸王岭、吊罗山5个国家级自然保护区，黎母山、猴猕岭、佳西3个省级自然保护区，吊罗山、尖峰岭、黎母山、霸王岭4个国家森林公园，南高岭、子阳、毛瑞、猴猕岭、盘龙、阿陀岭6个省级森林公园及相关国有林场。试点区是万泉河、昌化江、南渡江等主要江河的发源地，是海南岛重要的水源涵养区，生态区位十分重要。该区域还是黎族、苗族等少数民族的传统栖居地，黎族、苗族的衣食住行、生产生活、风俗信仰都依赖于热带雨林，形成了特色明显的民族文化，长期以来有着信仰自然、赞美自然、保护神圣山林的生态保护理念。

吊罗山沟谷雨林

（图片由海南热带雨林国家公园管理局提供）

一、海南热带雨林国家公园体制试点之路

2018年4月13日，习近平总书记在庆祝海南建省办经济特区30周年大会上发表重要讲话，宣布海南要积极开展国家公园体制试点，建设热带雨林等国家公园。中共中央办公厅、国务院办公厅《关于支持海南全面深化改革开放的指导意见》提出："研究设立热带雨林等国家公园，构建以国家公园为主体的自然保护地体系"。2019年1月23日，中央深改委第六次会议审议通过《海南热带雨林国家公园体制试点方案》。2019年7月，国家公园管理局印发《海南热带雨林国家公园体制试点方案》，正式开启海南热带雨林国家公园体制试点工作。

二、建立海南热带雨林国家公园体制试点的必要性

中国热带地区处热带北缘，具有热带向亚热带过渡的性质，在热区内镶嵌有亚热带植物区系的成分，决定了中国热带森林生态系统的独特性及复杂性。海南热带雨林是我国分布最集中、保存最完好、连片面积最大的热带雨林。海南热带雨林系"大陆性岛屿型"热带雨林，是世界热带雨林的重要组成部分，是中国热带雨林的典型代表。试点区独特的地理区位、多元的气候条件、丰富的植被类型、复杂的地质地貌催生孕育了丰富而独特的自然景观和自然遗迹，形成我国最完整、类型最多样的"大陆性岛屿型"山地热带雨林自然景观体系。

以五指山、黎母山、尖峰岭、霸王岭、鹦哥岭、吊罗山为代表的山体，以南渡江、昌化江、万泉河、大广坝水库为代表的水体，构成珍贵独特的地质地貌、江河水域、生物景观，为中国独有、世界罕见。

同时，这里是海南长臂猿的全球唯一分布地，目前该物种仅存35只，是全球最濒危灵长类动物之一。海南热带雨林生态系统物种丰富度高，其中，特有维管束植物419种、特有陆生脊椎动物23种。生物多样性指数达6.28，与亚马逊雨林相当，属于全球生物多样性热点地区之一。

海南热带雨林的独特性

　　海南热带雨林在种类组成和外貌结构上与赤道雨林显著不同。有大量自然分布的龙脑香科植物个体，且龙脑香科植物在群落中形成优势林，可自然世代更替，这是判定为亚洲雨林的标志。试点区内自然分布有大量的青梅、坡垒等龙脑香科植物，与云南自然分布的望天树等龙脑香科植物形成鲜明对比。而伯乐树与轮叶三棱栎在海南热带雨林的相遇，对地理气候的研究具有重大意义。

01	02
03	04

01-霸王岭
02-昌化江之源
03-南渡江主要支流的源头
04-吊罗山
（图片由海南热带雨林国家公园管理局提供）

三、丰富的生物多样性

试点区物种丰富度高，是中国特有物种和珍稀濒危物种的集中分布区域，也是中国32个内陆陆地和水域生物多样性保护优先区之一，属于全球34个生物多样性热点区之一。记录有野生脊椎动物540种，其中国家重点保护野生动物75种。野生维管束植物3653种，其中海南特有维管束植物419种，国家重点保护野生植物123种。

01	02	
03	04	05

01-海南坡鹿
02-鹦哥岭树蛙
03-圆鼻巨蜥
04-睑虎
05-海南长臂猿
（图片由海南热带雨林国家公园管理局提供）

01		
02	03	04

01- 红花天料木
02- 伯乐树
03- 榕树
04- 桫椤

（图片由海南热带雨林国家公园管理局提供）

　　试点区是海南长臂猿在全球的唯一分布地。海南长臂猿是海南热带雨林旗舰物种，被列为国家一级保护野生动物，被世界自然保护联盟物种生存委员会与国际灵长类协会认定为当今全球最濒危的25种灵长类物种之一，它是反映热带雨林生态功能完好的最有力证据。

海南长臂猿，中文名为海南黑冠长臂猿，拉丁名为 *Nomascus hainanus*。因该物种头上长有一顶"黑帽"而得名。雄性和雌性毛色相差很大。雄性完全是黑色的，偶尔在嘴角边有几根白毛，头顶有短而直立冠状簇毛。而雌性全身金黄，毛色从黄灰色到淡棕色，头顶有棱形或多角形黑色的冠斑。

据资料记载，20世纪初，海南全岛各县均有长臂猿分布；50年代，海南黑冠长臂猿分布于海南岛澄迈、屯昌一线以南12个县区，数量达2000多只；60年代中期，先后在6个县绝迹；而到了1983年，仅在鹦哥岭主峰两侧及黎母岭主峰的南坡有发现，约30只残存于20万亩天然林中，种群大多被隔离成岛状分布。1980年林业部门将海南斧头岭林区划作保护区，并开展了一系列的保护研究工作，使得海南长臂猿得以在这最后的一小片家园里休养生息。经过20多年的艰苦保护，才使得海南黑冠长臂猿呈现恢复增长趋势。最新数据显示，目前共有35只海南长臂猿。

海南长臂猿

濒危年谱

1995年的第二届中国灵长类学术会议将海南黑冠长臂猿列为高度濒危保护动物。

1998年版的《中国濒危动物红皮书》指出：海南黑冠长臂猿的海南亚种是中国所有灵长目动物中面临灭绝危险最大的一种。

1999年，中国灵长类专家组起草的中国灵长类保护行动纲领中，将海南黑冠长臂猿列为中国最濒危的灵长类动物之首。

2001年美国《时代周刊》载：据WWF、IUCN、国际灵长类学会（International Primatological Society, IPS）等组织的材料，列出全球最濒危的25种灵长类，其中海南黑冠长臂猿列为第6位。这25种灵长类中，海南黑冠长臂猿估计少于50只，是唯一不到100只的灵长类动物。

2002年8月上旬，第19届国际灵长类大会在北京召开。大会上，确定了全世界极濒危的25种灵长类，海南黑冠长臂猿被列为第5位。在确定中国的灵长类保护级别时，海南黑冠长臂猿被列为第一位。

四、丰富灿烂的的民族文化

试点区所处的中部山区是黎族、苗族等少数民族在海南的集中居住区，还分布着汉、回等40多个民族。试点区涉及的9个市县中6个为黎族或黎族苗族的民族自治县。黎族是试点区内人口数量最多的民族，是海南唯一的世居民族。在相对封闭的生存环境下，热带雨林为海南中部山区黎族、苗族等的繁衍生息提供了必要的物质基础和生存条件，其衣食住行、生产生活、风俗信仰都源于雨林，是名副其实的"雨林民族"。以黎族、苗族等"雨林民族"为主的各族人民在漫长的历史发展中不仅创造了独特、灿烂的黎苗文化，更是在琼崖革命斗争过程中形成了以琼崖精神为核心的红色文化。试点区黎母文化底蕴深厚，不仅保存了众多历史悠久的古迹遗址，还形成了以黎族、苗族为代表瑰丽多元的民族风情。黎族织锦、制陶、树皮衣以及苗族蜡染等制作工艺精良，黎苗歌舞、海南村话民歌等异彩纷呈，黎族纹身等民族风俗古老神秘，"三月三"等民间节庆独具特色，黎族船型屋与金字形屋等传统民居别具一格，这些独特的民族工艺、民族风俗、民族建筑和民族神话无不彰显着当地少数民族的智慧，是宝贵的文化精神财富，更是博大精深的中华民族文化的杰出代表。

尖峰岭林海
（图片由海南热带雨林国家公园管理局提供　摄影：蒙传雄）

3.6
祁连山国家公园体制试点

甘肃、青海省
试点位于

50234km²
试点面积

2017年
试点开始时间

祁连山国家公园
QILIAN MOUNTAIN NATIONAL PARK

一、神奇多姿而又富有魅力的土地

在我国的名山大川中，祁连山对大家来说并不陌生，但很多人知道他并不是从地理书本中，而是源自历史故事。中国的历史书讲到汉代，说到汉王朝与匈奴的战争，都会提到祁连山。匈奴有一首歌唱道："失我祁连山，使我六畜不蕃息；失我焉支山，使我嫁妇无颜色。"祁连山一词本就源自古代匈奴语，意为"天之山"。

祁连山，更准确地说，应该是祁连山脉，他不是一条单独的山岭，而是一组大致相平行而呈西北—东南走向的山脉群。这组山脉群横亘在我国青海东北部与甘肃西部之间，西至当金山口与阿尔金山脉相接，东达黄河谷地，与秦岭、六盘山相连，长1000多公里，宽300多公里，俯视着整个河西走廊。自北而南，包括大雪山、托来山、托来南山、野马南山、疏勒南山、党河南山、土尔根达坂山、柴达木山和宗务隆山，山峰海拔多在4000~5000米，最高峰为疏勒南山的团结峰，海拔5808米。

在中国的地势图上，祁连山位于我国地势第一、二阶梯分界线，是中国气候类型和温度带的分界线，还是西北干旱半干旱区与青藏高寒区分界线，也是我国季风和西风带交汇的敏感区。由于祁连山的存在，西南季风、东南季风和西风带在此交汇，使我国西北干旱荒漠地带呈现出一片片绿岛景观。

祁连山走廊南山（摄影：脱兴福）

祁连山有一个重要的特征，即三面被沙漠包围。北面是巴丹吉林沙漠、西面是库姆塔格沙漠和塔克拉玛干大沙漠、南面是柴达木荒漠。而在祁连山的庇护下，河西走廊形成一个个绿洲城市，产生了东西方文明交流通道——丝绸之路。

祁连山对中国来说是举足轻重的，《中国国家地理》一篇文章中曾这样描述：祁连山，在来自太平洋季风的吹拂下，是伸进我国西北干旱区的一座湿岛。正是有了祁连山，有了极高山上的冰川和山区降雨才发育了一条条河流，才养育了河西走廊，才有了丝绸之路，才让中国的政治和文化渡过到中国西北海潮的沙漠，与新疆的天山握手相接，中国人在祁连山的护卫下走向了天山和帕米尔高原。

二、试点的建立

祁连山作为国家重点生态功能区之一，承担着维护青藏高原生态平衡，阻止腾格里沙漠、巴丹吉林沙漠和库姆塔格沙漠南侵，保障黄河和河西走廊内陆河流补给的重任。同时，祁连山作为国家重要的冰川与水源涵养区，是丝绸之路经济带的重要生态安全屏障，是敦煌文化的发祥地，为中华文

化的传承发展和生态文明建设保驾护航，在国家生态建设中具有十分重要的战略地位。

由于祁连山地理区位、生态区位、文化区位的重要性，我国在祁连山地区已经建立甘肃祁连山、盐池湾国家级自然保护区、天祝三峡国家森林公园、祁连黑河国家湿地公园等多个类型的自然保护地，实施了天然林保护、退耕还林、退牧还草、野生动植物保护、湿地保护与恢复等生态建设工程，一定程度上推动了祁连山生态环境保护。但由于受大气环境变化和资源开发利用等人为活动的影响，祁连山冰川、雪线不断退缩，天然林草植被不断退化，水源涵养功能明显减退，生物多样性遭到严重威胁。加之，祁连山因分割成多个不同类型的自然保护地，碎片化管理问题严重，保护管理能效低下。祁连山生态环境问题和保护修复工作引起党中央和国家领导人的高度关注，2017年3月，中央经济体制和生态文明体制改革专项会议决定以雪豹保护为切入点，结合祁连山生态环境问题整改，在该区域开展国家公园体制试点。2017年6月，中央全面深化改革委员会第三十六次会议审议通过《祁连山国家公园体制试点方案》，并于同年9月印发，标志祁连山国家公园体制试点工作正式启动。

三、走进祁连山国家公园体制试点

祁连山国家公园体制试点总面积为5.02万平方公里，分为甘肃省和青海省2个片区。其中，甘肃省片区面积3.44万平方公里，占总面积的68.5%；青海省片区面积1.58万平方公里，占总面积的31.5%。整合了8个自然保护地，包括3个自然保护区、2个国家森林公园、2个省级森林公园、1个国家湿地公园。

试点区山系褶皱迭起、逶迤连绵，岭谷间是大面积丘陵草原、浅山区和沟谷地带，几乎囊括了除海洋之外的雪山、冰川、宽谷、盆地、河流、湖泊景观，森林、草原、荒漠、湿地等多种类型的自然生态系统。区内山地生态系统垂直分布层次分明，依次分布有高寒森林生态系统、寒温性森林生态系统、温性草原生态系统、湿地生态系统、荒漠生态系统。

祁连山国家公园标识以挺拔壮美的祁连山主峰"团结峰"为骨架，巧妙运用带透视的无限大符号象征祁连山的山川、森林、雪峰、草原、荒漠、湿地，灵动挥洒于山水祥和的天际之间，框内的两块白色寓意圣洁的雪山和飘动的白云。标识彰显出祁连山国家公园独特的自然之美和地域文化底蕴。图形表达运用中国传统绘画艺术的线来表现祁连山钟灵毓秀的自然生态及人文景观，同时也体现出"一带一路"的战略思想和造型优美的敦煌飞天彩带飘逸的动态之美。蓝、绿、黄、橙四色和图形造型蕴含在无限大的气场之中，标志图形立体地再现了祁连山国家公园人与自然的和谐统一。

冬日祁连山

四、丰富的生物多样性

祁连山国家公园体制试点内森林、草原、荒漠、湿地等多种类型的生态系统孕育了丰富的生物多样性资源，使这里成为世界高寒种质资源库和野生动物迁徙的重要廊道，是野牦牛、藏野驴、白唇鹿、岩羊、冬虫夏草、雪莲等珍稀濒危野生动植物物种栖息地及分布区，尤其是中亚山地生物多样性旗舰物种——雪豹的良好栖息地，也是我国32个生物多样性保护的优先区域之一。试点区范围内有高等植物约95科451属1311种。其中，国家一级保护野生植物裸果木、绵刺等；国家二级保护野生植物星叶草、野大豆、桃儿七、红花绿绒蒿、山莨菪等；列入《濒危野生动植物种国际贸易公约》的兰科植物16种。野生脊椎动物28目63科294种，其中兽类69种、鸟类206种、两栖爬行类13种、鱼类6种，包括国家一级保护野生动物雪豹、白唇鹿、黑颈鹤等，国家二级保护野生动物棕熊、猞猁、猎隼等。

五、雄伟壮阔而又变化多姿的自然景观

祁连山国家公园体制试点位于青藏高原东北部边缘的祁连山山地，基本处于祁连山脉最宽、最精华的中段和西段，地质构造属于昆仑秦岭地槽褶皱系中典型的加里东地槽。凝望西北的地形地貌模型，祁连山一道道山脉写满了古生代以来的地质沧桑，由西北向东南成为贯穿和支撑国家公园的骨架。试点区域内大多数山地和河流上游发育有冰缘地貌，海拔4500米以上为现代冰川发育区，山系之间夹杂着大面积的宽谷盆地、丘陵草原、冰川融水所流经的浅山区和沟谷地带。

试点区内5000多米的高大山峰孕育了众多的雪山冰川，形成巨大的固体水库。试点区内共有冰川2680余条，面积约1600平方公里，冰储量约800亿立方米，多年平均冰川融水量10亿立方米。冰川融水是河西走廊的生命之源，国家公园内因冰川融水主要发育有黑河、八宝河、托勒河、疏勒河、党河、石羊河、大通河。

祁连山的四季从来不甚分明，"春不象春，夏不象夏"，所谓"祁连六月雪"，就是这里的气候特征和自然景观的写照。祁连山的山峰姿态多为冰雪和岩层交混凝结而成的奇形怪状、棱角分明的脉脊，群山间常形成神秘的大峡谷，与群峰陡起、高峻云端和冰川耀眼的皑皑雪山形成独具风貌的高原景致。湛蓝的天空，清澈的河水，碧绿的草地，雪白的云朵共同组成了国家公园的自然绘图，令人感慨不已。

01
——
02

01- "优山美地" ——冷龙岭　冷龙岭是祁连山国家公园体制试点区内最东端的第一山,横亘在青海门源和甘肃武威、金昌的交界处。冷龙岭的东南端为乌鞘岭,是东亚季风到达的最西端,为陇中高原和河西走廊的天然分界线,是中国季风区和非季风区分界点,是黄土高原、青藏高原、内蒙古高原三大高原的交汇处,是半干旱区向干旱区过渡的分界线。冷龙岭是我国分布最东段的现代冰川发育区,其山体巨擘,每列脊线都高耸连贯,主峰冰川壁立,飞雪漫卷,充满西北雪峰的气质,重峦叠嶂、谷壑深幽,控扼着甘青两省(摄影:脱兴福)

02- "镇山之山" ——牛心山　牛心山,藏语称阿咪东索,意为"众山之神""镇山之山",是信教群众受尊崇的一座神山,由于峰巅形态酷似牛心,故名"牛心山"。牛心山海拔4667米,挺拔高耸、气势雄浑,一年四季山峰顶部云雾缭绕,给牛心山笼罩了一层浓浓的神秘色彩(摄影:才项当知)

01- "固体水库"——八一冰川　在祁连山国家公园体制试点内山区腹地南山南坡，我国第二大内陆河黑河流域的源头，发育有著名的八一冰川。其名来源于1958年中国科学院高山冰雪利用研究队在此地考察，于8月1日发现了这条冰川，因此命名为八一冰川。从空中俯瞰，八一冰川就像是一个帽子一样，扣在山顶，所以它正式的学名是冰帽型冰川。这座冰帽型冰川，面积2.8平方公里，长2.2公里，平均宽1.4公里，冰面最高海拔4828米；冰川融水汇入托来河支流和黑河 (摄影 才项当知)

02- "天然聚宝盆"——黑河大峡谷　黑河被誉为"河西走廊的母亲河"，为中国第二大内陆河。黑河，承载着祁连山的精魂，昼夜不停、川流不息，一路滋润着河西走廊的父老乡亲。黑河大峡谷位于河西走廊之南，是北祁连地区地势最高、切割最深的地带，纵横构造运动及流水切割，形成黑河中上游东西岔峡谷。峡谷内有冰川800处，分布面积超过300平方公里。作为世界第三大峡谷，这里风景险峻独特美丽，是探险的好去处。峡谷内万仞峥嵘，怪石林立，河流或急或缓，奇花异草密布，珍禽异兽频现，景致独特而不雷同，堪称中国的"乌拉尔"和"天然聚宝盆" (摄影：脱兴福)

祁连山
（摄影：陈小蕾）

六、历史悠久而底蕴深厚的人文景观

　　试点区域具有悠久的历史人文景观，从拉洞元山出土的新石器时期的石斧、石刀，到西汉霍去病率军出陇西、隋朝时期征讨吐谷浑留下的遗迹，还有解放军将士翻越飞雪景阳岭挺进新疆的实物记载。与此同时，这里还是汉族、藏族、回族、蒙古族等民族文化的交汇带，人文景观多样，民族文化资源丰富，形成了独特的"祁连山文化圈"。

　　"祁连不断雪峰绵，西行一路少炊烟。山低云素无青色，地阔石碛短水源。"苍茫云海的祁连山自然风光，引

得无数文人墨客尽诵赞。不论何时来这里，既可领略神奇的自然美景，聆听悠扬的草原旋律，还可欣赏特有的少数民族文化盛会。盛夏时节，在丽日晴空下，松翠柏碧，山涧小溪潺潺，瀑布飞泻，百花争奇斗艳，芳香扑鼻。仲秋之季，天高云淡，草茂水秀，令人赞叹，流连忘返。春风已拂去祁连山国家公园奇特而神秘的面纱，正召唤着我们回归自然生态的家园……

宗路平

3.7
武夷山国家公园体制试点

福建省
试点位于

1001km²
试点面积

2016年
试点开始时间

翻开中国版图，在高峰林立、连绵起伏的山脉家族中，偏居东南部的武夷山算不上鹤立鸡群、巍峨险峻，它似乎没有理由被世人铭记。但正如"山不在高，有仙则名"，武夷山的神奇并不在其高度，而在其深厚的自然和人文禀赋。浩渺的时空以其年轮为利斧，耐心雕琢着这片奇峰林立的丹霞奇观，孕育出了厚朴灿烂的武夷文化。作为我国目前仅有的4个世界文化与自然双遗产之一，武夷山的声名早已远播世界。

不过，这一次引起世人关注的，却是武夷山的"国家公园体制试点"身份。国家公园，冠以"公园"二字，往往引商家侧目。但这次身份转变却不是旅游形象上的故作翻新，而是保护理念上的重新构建。相比大众更为熟知的旅游热点地，这一次武夷山要呼吁的，是追求更为全面深刻的保护。

一、生态之重：生物世界的"诺亚方舟"

"国家代表性"和"生态保护第一"是国家公园的重要理念。这要求武夷山既要有资源本底方面的突出优势，也要在管理认知上形成保护优先的共同价值观念。

事实上，武夷山国家公园体制试点范围内保存了地球同纬度带最完整、最典型、面积最大的中亚热带原生性森林生态系统，几乎囊括了我国所有的亚热带原生性常绿阔叶林和原生性植被群落。生活在其中的野生动植物类型，也往往是我国的特有种类。

2019年2月，国际动物分类学权威期刊 Zootaxa 公布了一蛙类新种——雨神角蟾（Megophrys ombrophila），这一新种的发现地正处于武夷山国家公园体制试点区范围内。新种的发现者南京林业大学外籍教授凯文·梅辛杰博士曾在采访时毫不吝啬地赞美道，武夷山是他在中国所看到的"生态最平衡的地方"。

类似这样的新物种发现的故事不胜枚举。

我国的蕨类植物学奠基人秦仁昌教授于1945年首次进入武夷山，后在此发表了34个新种及变种。迄今为止，以武夷山为模式产地的植物至少达91种。而自1873年法国人在挂墩一带采集动物标本后，在前后不到60年的时间里，仅在这一带被采集发现的脊椎动物新种就达62种之多，包括兽类15种、鸟类27种、爬行类14种和两栖类6种；武夷山地区的昆虫模式标本种类更是达到23目194科1163种，成为我国著名的动物模式标本产地。可以说，坐落于中亚热带季风气候区的武夷山堪称生物世界的"诺亚方舟"，被冠以"研究亚

武夷大裂谷
（图片由武夷山国家公园管理局提供　摄影：刘达友）

种爬行动物的钥匙""昆虫的世界""世界生物之窗"的美誉毫不为过。

据统计，试点区内有国家一级重点保护植物4种，国家二级重点保护植物67种；试点区记录的655种脊椎动物，包括国家一级重点保护野生动物18种，国家二级重点保护野生动物84种。该区域是黑麂、黄腹角雉、白颈长尾雉、金斑喙凤蝶等国家一级重点保护野生动物在国内的重要分布区；崇安髭蟾、崇安地蜥、崇安斜鳞蛇等特有或珍稀物种集聚程度较高；也是多种鸟类的重要迁徙通道、越冬地和繁殖地。

除了生物资源外，这里还有丰富的自然遗迹。从第三纪开始发育的武夷山自然综合体，已有7000万年的历史，其地质构造是亚洲东部环太平洋带构造的典型代表，在古地理、古气候的演变方面具有极高的科学研究价值。在地质构造的综合作用下，形成了南北纵横80公里、垂直落差1600多米的地质构造断裂带——武夷大峡谷和海拔2160.8米的黄岗山。武夷断裂带至少保留了晚元古代、志留纪、中生代等3期构造事件的形迹。在地质构造、流水侵蚀、风化剥蚀、重力崩塌等综合作用下，幽深清澈的九曲溪将三十六峰、九十九岩连为一体，构成"一溪贯群山，两岩列仙岫"的独特美景，是我国东南区最为典型的丹霞地貌景观。区域内水系发达，发源于桐木溪、黄柏溪、麻阳溪等多条溪流，形成了多处"碧水清溪"景观，流泉飞瀑随处可见、山水结合恰到好处，在中国名山中享有特殊地位。

揭开秀丽面纱，如今武夷山重新以"国家公园"的面目示人，呈现给世人的，是大美风光之下点滴进取的开拓精神和保护意志。

二、保护之路：来自小平同志的关怀

追溯武夷山的保护之路，并不是从建立国家公园体制试点才开始的。

1978年，时任光明日报驻福建记者白京兆采写了题为《福建农学院教授赵修复紧急呼吁保护名闻世界的崇安县生物资源》的内参，呼吁有关部门采取紧急措施挽救崇安县（今武夷山市）挂墩区域和建阳县（今建阳市）大竹岚区域的动植物资源，封闭起来进行保护，为后代留下一块极为难得的生物资源调查研究基地。这一呼吁和报道立刻引起了国家领导人重视。同年11月，邓小平同志即在该内参上作出批示："请福建省委采取有力措施。"仅仅过了4个多月，福建省武夷山自然保护区便正式成立。1979年7月3日，国务院批准将武夷山自然保护区列为国家重点自然保护区。小平同志的重要批示，挽救了

01	02	
03	04	05
06	07	
08	09	10
11	12	
13	14	

01-藏酋猴（摄影：徐自坤）

02-白鹇（摄影：黄海）

03-红嘴蓝鹊（摄影：袁仁荣）

04-野生猕猴（摄影：罗伟雄）

05-彩臂金龟（摄影：徐自坤）

06-白颈长尾雉（摄影：黄海）

07-尖吻蝮蛇（摄影：徐自坤）

（图片由武夷山国家公园管理局提供）

08-倒刺鲃（摄影：彭善安）

09-麝凤蝶（摄影：袁仁荣）

10-油茶宽盾蝽（摄影：徐自坤）

11-舟山眼镜蛇（摄影：彭善安）

12-灰鼠蛇（摄影：彭善安）

13-台湾独蒜兰（摄影：徐自坤）

14-福建假稠李（武夷山特有植物）（摄影：徐自坤）

武夷山这座生物宝库，也标志着我国自然保护区事业进入了一个快速发展的新时期。

此后，武夷山所拥有的自然和文化特性与重要性，日益获得全世界的认同和关注。1987年，武夷山自然保护区被联合国教科文组织纳入世界生物圈保护区；1992年又被确认为具有全球保护意义的A级保护区。1999年，武夷山申报世界文化与自然遗产获得成功，武夷山自然保护区成为我国仅有的一个既是世界生物圈保护区又是世界双遗产的保护地。

接下来的故事就更为广为人知了。2013年，党的十八届三中全会提出建立国家公园体制；2015年，我国出台《建立国家公园体制试点方案》；2016年6月，国家发展改革委批复《武夷山国家公园体制试点区试点实施方案》，武夷山成为全国首批10个国家公园体制试点之一。武夷山的保护发展从此站在了新的更高的历史起点上。

试点期间，武夷山国家公园涉及福建省的武夷山市、建阳区、光泽县和邵武市4个县（市、区），包含了福建武夷山国家级自然保护区、武夷山国家级风景名胜区、九曲溪上游保护地带、光泽武夷山天池国家森林公园等区域和九曲溪光倒刺鲃国家级水产种质资源保护区等不同类型的保护地，面积逾千平方公里，将按核心保护区和一般控制区进行差别管控。

武夷神韵
（图片由武夷山国家公园管理局提供　摄影：刘达友）

三、文化之韵：串联古今的深厚积淀

如果仅有自然资源价值，武夷山的名气也许会打些折扣。千载儒释道，万古山水茶。当文化之脉串联古今的时候，"武夷山"的字眼就不再是一个单纯的地理名号了。

到访武夷山，掌舵的艄公也许会告诉一句俏皮话，"古人的乱涂乱画，造就了今天武夷山的古文化"。捧腹之间，却也不得不对武夷山的石刻遗迹等心生敬畏。据旧志记载，最早在山中题刻留名的是东晋的郭璞，从此留下题谶石的景名，距今已有1700多年的历史。此后更是代代相继，题刻不辍。这些内容丰富的摩崖石刻共同汇成了武夷山的文化走廊，穿越时空，为这座名山增添了无限意境。

除此外，武夷山还留有高悬崖壁数千年不朽的架壑船棺18处、书院遗址35处、宫观寺庙及遗址60余处；朱子理学思想在这里孕育，构筑了中国宋代至清代700余年的思想体系。灵山秀水中的文化积淀，承载起了厚重灿烂的历史文明。

文化之韵，不仅流淌在崖壁庙宇间，还蔓延在人们的生产生活中。武夷山也是10个体制试点中唯一一个以茶盛名的。

众所周知，武夷山是世界红茶的发源地。正山小种红茶和武夷岩茶享誉中外，开创了"万里茶道"和"海上丝绸之路"的贸易传奇，成为连接中国与世界经济、文化交流的纽带。

作为最初发祥地的桐木村正位于武夷山国家公园体制试点范围内。这个看似宁静不太起眼的小村庄，隐藏着一段影响世界的历史：大约400年前，世界红茶鼻祖——正山小种从这里出产，并由荷兰商人漂洋过海带回了遥远的欧洲，被贵族奉为珍宝，很快风靡了上流社会，荷兰人也因此发了大财。在随后相当长的一段时间里，西方各国陆续派出了生物学家、传教士，以科考和传教的名义潜入武夷山探寻红茶秘密。

1848年，英国植物学家罗伯特·福琼终于窃取到了红茶技术，带着茶种和8名工人前往印度，试种成功并大面积种植，从而彻底改变了世界红茶的发展历史。

如今，在桐木村一所小教堂里，依然可以看到当时传教士带来那口老钟。它静静地悬挂着，默默见证了这段由茶叶引发的传奇历史。

$$\frac{01}{02 \mid 03}$$

01-古崖居（摄影：刘达友）
02-云窝石刻群（摄影：刘达友）
03-武夷精舍（摄影：罗伟雄）
（图片由武夷山国家公园管理局提供）

九曲风光玉女峰
（图片由武夷山国家公园管理局提供 摄影：彭善安）

四、未来之期：道阻且长，行则将至

试点期间，福建省政府成立了垂直管理的武夷山国家公园管理局，整合了福建武夷山国家级自然保护区管理局、武夷山风景名胜区管委会等有关自然资源管理、生态保护等方面职责，目前正着力形成突出生态保护、统一规范管理的国家公园保护管理模式。下一步，将进一步优化国家公园范围，实现武夷山生态系统的完整性保护。

在保护管理自然资源的同时，武夷山国家公园体制试点妥善处理保护与发展的关系，建立共商共管共建共享的国家公园运行机制。通过构建和完善生态保护补偿机制，支持当地居民参与特许经营，发展生态茶产业、生态旅游业、富民竹业等产业，实现生态保护与林农增收双赢的目标。

总而言之，中国国家公园体制的建立是一个庞杂的系统工程，也是改革进程中的一块"硬骨头"。借用习近平总书记的话，"对于生态治理，我们既要有只争朝夕的精神，更要有持之以恒的坚守"。中国的国家公园建设，同样如此。

道阻且长，但行则将至。

张小鹏

3.8 神农架国家公园体制试点

湖北省
试点位于

1170km²
试点面积

2016年
试点开始时间

神农架国家公园
SHENNONGJIA NATIONAL PARK

神农架地处我国秦巴山脉东端,素有"华中屋脊""华中之肺"之称,因华夏始祖炎帝神农氏在此"架木为梯、采尝百草、救民疾夭、教民稼穑"而得名。这里是世界级地史变迁博物馆,是全球温带植物区系的杰出代表,是全球瞩目的生物多样性王国。震撼的地质奇观、茂密的原始森林、丰富的生物资源、古老的神农文化、神秘的"野人"故事……神农架这个充满着神奇的地方,承载着沧海桑田的变换和人们的美好向往。

一、起意高远,谋划神农架生态建设

20世纪70年代,神农架经国务院批准建制,直属湖北省管辖,是我国唯一以"林区"命名的行政区。神农架有着丰富的森林资源,为国家建设提供木材曾是神农架林区的主要任务。1982年湖北省委省政府批准建立"湖北神农架自然保护区",标志着神农架开始由资源消耗型向资源保护型转轨,神农架以此为起点开始了其建设史上的战略大转移。2000年国家实施天然林保护工程以来,神农架全面停止天然林采伐,标志着神农架全面保护时期的到来,从此神农架长期形成的"一木独大"的产业格局彻底终结,神农架开始走上一条自然保护、生态修复与经济社会协调的可持续发展之路。

经过多年的努力,神农架实现了从以开发为主的木材经济阶段向以保护为主的生态建设阶段的华丽转身,先后建立了神农架国家级自然保护区、神农架国家森林公园、神农架国家地质公园(世界地质公园)、神农架大九湖国家湿地公园、神农架省级风景名胜区等一系列保护区。同时,神农架还加入了联合国教科文组织人与生物圈保护区和世界地质公园网络,列入了国际重要湿地名录和世界自然遗产名录。神农架的森林、湿地和生物多样性主要由具有资源管理权的"三大局",即神农架国家级自然保护区管理局、神农架林业管理局、大九湖国家湿地公园管理局进行管理。然而,多年来形成的神农架保护管理体系也存在范围交叉重叠、管理破碎化等问题,不利于资源保护和管理的有效性。

官门山大门
(图片由神农架国家公园管理局提供)

神农谷石林
（图片由神农架国家公园管理局提供）

神农架的生态区位重要，资源禀赋优良，而且经过多年来的保护建设，为创建国家公园奠定了坚实基础。在神农架开展国家公园体制试点，有利于整合神农架资源，推进统一保护和统一管理，构建神农架"大保护、大科研、大产业"的战略格局。2016年5月，国家发展改革委正式批复《湖北神农架国家公园体制试点区试点实施方案》，神农架开启了国家公园体制试点的新篇章，是神农架生态建设征途上的重要里程碑。

多年来，神农架遵循"保护就是发展、绿色就是财富、文明就是优势"的理念，创新保护与发展的"神农架模式"，为建设国家公园奠定了坚实基础。自推行神农架国家公园体制试点以来，在1170平方公里的范围内，整合了以世界自然遗产地为代表的5个世界级保护地、以国家级自然保护区为代表的4个国家级保护地、以省级风景名胜区为代表的2个省级保护地。神农架国家公园体制试点的主要保护对象包括：全球同纬度地区最完整的北亚热带森林生态系统和垂直带谱；北亚热带海拔最高面积最大的亚高山泥炭藓沼泽湿地生态系统；金丝猴和珙桐为代表的珍稀濒危物种和古老孑遗动植物及其栖息地；世界上保存最完整的晚前寒武纪中元古代地层单元等地质遗迹。

神农架国家公园体制试点
（图片由神农架国家公园管理局提供）

神农架区位重要而特殊，素有"华中屋脊"之称，是世界级地史变迁博物馆，是多种植物区系地理成分东西交汇、南北过渡的荟萃之地，是全球瞩目的物种基因库。完整而稳定的植被系统造就了高达91%以上的森林覆盖率，使其成为我国南水北调中线工程重要的水源区及三峡库区重要的天然绿色屏障。

世界级地史变迁博物馆 神农架平均海拔位列华中地区之首，最高峰神农顶，海拔3106.2米，是"华中第一峰"。神农架包括了中元古代以来前寒武纪、古生代、中生代、新生代的所有地层单元、地质纪年、山岳奇观、岩溶地貌和古冰川侵蚀遗迹，拥有中元古界、新元古界的标准地质剖面，古生代、中生代、新生代动植物化石群，是中国南方最古老的褶皱基底之一。这里保留着5.7亿年前古生代前寒武纪的生物活动现场，是记录地球地质事件、地球环境变迁的地质史书。"神农架群地层"是世界上保存最完整的晚前寒武纪地层单元，对了解地球的早期演化、晚

前寒武纪地质过程具有重要的全球对比意义。

北半球最具代表性的常绿落叶阔叶林生态系统 神农架处在我国中亚热带与北亚热带及我国西部高原与东部低山丘陵的过渡区域。在中国植被区划中，纬度地带上，神农架处在我国中亚热带常绿阔叶林植被带与北亚热带常绿、落叶阔叶林混交林植被带的过渡区域；经度地带上，则处在秦巴山地栎类、华山松林区与淮扬山地丘陵落叶栎类、青冈、马尾松林区的交汇区。特殊的区位造就了神农架复杂多样的植被类型，完整的垂直带谱，且具有明显的过渡性。尤其值得一提的是，神农架的亚热带原始森林是全球中纬度地区保存最为完好、最具代表性的常绿落叶阔叶混交林，堪称北半球回归荒漠带的"绿色奇迹"。

世界温带分布属最集中和落叶木本植物最丰富的地区 吴鲁夫指出中国是世界温带植物区系的发源地，华中地区被认为是北温带植物区系之母，而鄂西

▼神农架地文景观

金猴岭
3019 米

杉木尖
3085.4 米

神农顶
3106.2 米

大神农架
3052.7 米

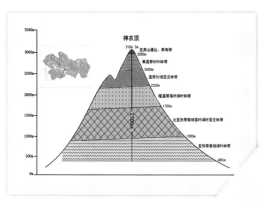

神农架国家公园体制试点植被垂直带谱
（图片由神农架国家公园管理局提供）

又被认为是温带植物区系分化和发展的集散地。据 *Flora of China* 统计，我国温带性质的属有约1176属，神农架有603属，占我国温带性质的属的51.3%。因此可以说神农架孕育了中国温带性质的属的大部分，而中国汇集了世界温带属的大部分，神农架是全球温带分布属最集中的区域，在世界温带区系发展与演化中占有核心位置。应俊生指出神农架是世界上落叶木本植物最丰富的地区。神农架国家公园体制试点内的3758种维管束植物中，有木本植物1476种，其中落叶木本植物84科229属763种，占本区木本植物总种数的51.7%，占总物种数的20.3%，落叶

木本植物密度为0.24种/平方千米，是我国乃至全球同面积区域落叶木本植物最丰富的地区之一，实乃全球温带植物区系的典范。

世界同纬度保存较为完好的亚高山泥炭藓沼泽湿地　群山环抱、坦荡开阔的大九湖是渐新世末（2.5千万~4千万年前）形成的岩溶盆地，曾因地下水通道阻塞而成为岩溶湖，湖水被疏干成沼泽化，形成现在的地貌景观。大九湖湿地是目前世界同纬度地区极少的保存较为完好的亚高山泥炭藓类沼泽湿地，是我国亚热带山地湿地沼泽的典型代表。

北亚热带古老孑遗、珍稀濒危和特有物种的最关键栖息地　神农架拥有被称为"地球之肺"的亚热带森林生态系统、被称为"地球之肾"的泥炭藓湿地生态系统和被称为"地球免疫系统"的生物多样性。1992年，世界银行全球环境基金（Global Environmental Facility, GEF）项目专家考察神农架后一致认为，由于神农架含有比其他温带森林生态系统更为丰富的生物多样性而具有全球意义。神农架是全球14个具

御次濫国家公园内溪流
（圖片由縣公務局越公園管理局提供）

有国际意义生物多样性保护与研究的关键地区之一和中国16个生物多样性保护与研究的热点地区之一，还是中纬度古老子遗物种最重要的避难中心，汇集了大量世界生物活化石和古老、珍稀、特有物种，是全球瞩目的物种基因库，有维管束植物3758种，野生脊椎动物600多种，拥有珙桐、红豆杉等国家重点保护的野生植物，金丝猴、金雕等国家重点保护野生动物，是我国金丝猴分布的最东缘，是川金丝猴湖北亚种唯一分布地。

01	02	01-湿地景观	02-川金丝猴
03	04	03-光叶珙桐	04-红豆杉

（图片由神农架国家公园管理局提供）

三、深挖文脉，体味淳朴悠久的神农架文化体系

神农架地处长江文化、汉水文化、巴蜀文化的交汇地带，具有独有的文化资源。

古老的神农文化　华夏始祖神农氏是继伏羲以后的中华历史上的传奇人物，被认作华夏文明开创者之一。相传，5000多年前中华始祖神农氏在神农架遍尝百草，著成了《神农百草经》，并发明种植，首创农具；制作陶器，首创纺织；发明医药、煮盐，首创琴瑟；始有地理观念，创立原始天文学和历法学；始作集市，首创贸易。后世怀念他的恩德，便把神农氏搭架采药的这座高山称为神农架。以神农为代表的神农文化影响深远，是华夏文化的重要载体，所衍生的农耕文化、中药文化、祭祀文化、山民文化以及木鱼传说等所展示的文化内涵，具有强烈的独特性和地方性。

神秘的"野人"文化　神农架的神秘最初来自神农架特有的"野人"之谜。早在3000多年前就有关于神农架"野人"的描述，直到20世纪70年代中期以后，被列入"当今世界四大自然科学之谜"。20世纪90年代，考科学家曾作出推论，认为"神农架是地球上最有可能生存野人的地区"。神农架原始森林中多次发现"野人"踪迹的报道给

凉风垭
（图片由神农架国家公园管理局提供）

神农架赋予了神秘色彩，是神农架特有的文化符号，昭示了人与自然的永久关联，使得神农架成为对人类的"野性呼唤"，形成了神农架特有的神秘"野人"文化。

淳朴的民俗文化 珍贵的汉民族神话史诗《黑暗传》，优美抒情的民间歌谣，绚丽多彩的传说故事，构成了神农架民间文学的宝库，也是20世纪以前的古老文化封存在神农架的有力见证。由于长期处于原始封闭状态，自然生态、地理环境特殊，人们深受传统观念、信仰、生产方式和生活方式的影响，形成和保存了多种古老、淳朴的年俗、婚俗、丧俗、酒俗、饮食等具有明显地方特色的民俗风情。

悠久的历史文化 相传老子在神农架传道修行编写《道德经》，汉留候张良在境内建庙修身养性，唐中宗李显等14位皇帝曾流放至此。薛刚大九湖屯兵，川鄂古盐道的兴盛，李来亨老君山屯垦，"江西填湖广"的迁徙移民，都记载着神农架的历史。神农架还曾是川鄂之间商贾流通的通道之一，被称为"南方丝绸之路"的古盐道，东连荆襄，南接施宜，西通巴蜀，纵横江汉、川鄂之间。

神农源
（图片由神农架国家公园管理局提供）

四、独具慧眼，感受国家公园巨大的生态价值

神农架国家公园体制试点拥有大面积保存完好的森林植被，在涵养水源、固碳释氧、水土保持、生物多样性保护、净化环境、森林游憩等方面发挥着巨大的生态系统服务功能，为南水北调工程储备了大量优质水源，是我国中部地区的"水塔""绿肺"和"生物种质资源库"，是我国中部地区极其关键的生态屏障。

从实现"生态文明建设品牌"来看，神农架的生态价值具有国家意义。以神农架国家公园体制试点为主体，协调处理好生态保护与民生协调发展问题，重新定位神农架保护与发展目标，打造物种基因的储备区、生态文明的教育区、碳汇交易的示范区和森林康养的先行区对神农架生态价值的发挥和生态服务功能的体现具有重大意义。

神农架国家公园体制试点巨大的生态价值不仅在国内具有举足轻重的地位，更具有世界价值。神农架是全国唯一获得联合国教科文组织人与生物圈保护区区、世界地质公园、世界自然遗产地三大全球保护制度冠名的地区，以其巨大的生态价值享誉全球。

01	02	03
04	05	06

01- 神农架民间传统文化：民俗娶亲
02- 神农架非物质文化遗产：土家族堂戏
03- 神农架非物质文化遗产：土家族皮影戏
04- 神农架非物质文化遗产：薅草锣鼓
05- 神农架民俗文化：山火炮
06- 神农文化：炎帝祭祀
（图片由神农架国家公园管理局提供）

黄骁

3.9 香格里拉普达措国家公园体制试点

云南省
试点位于

602km²
试点面积

2016年
试点开始时间

香格里拉，在藏语中意为"心中的日月"，一直是梦想的伊甸园和世外桃源的代名词，早在一千多年前的藏文文献资料里就有所记载。1933年美籍英国作家詹姆斯·希尔顿在中国藏区经历了离奇的遭遇后，回国后写了小说《消失的地平线》，从而造就了西方乃至世界的"世外桃源"。香格里拉这个地名也因这本书而来，此后，吸引了全世界无数探险家去寻找这一梦想的伊甸园。

被称为"香格里拉之眼"的普达措国家公园，距香格里拉市22千米，总面积60210公顷。她更像是一首远离尘世喧嚣的田园诗，静候着你的到来。

名字的由来

"普达措"是梵文音译，意为"舟湖"，最早文字记载于藏传佛教噶玛巴活佛第十世法王（1604—1674年）《曲英多杰传记》。书中第50页写道：法王往姜人辖下的圣地以及山川游历观赏，在建塘边上有一具"八种德"（甘甜、清凉、柔和、轻质、纯净、干净、不伤咽喉、有益肠胃）的名叫"普达"的湖泊。犹如卫地（拉萨）观音净土（布达拉）之特征。此地僻静无喧嚣，湖水明眼净心。湖中有一型如珍珠装点之曼陀罗的小岛耸立其间，周围环绕普达措湖水，周边是无限艳丽的草甸，由各种药草和鲜花点缀。山上森林茂密，树种繁多。堪称建塘天生之"普达胜境"。大成就者噶玛巴希（1204—1283年）称之为"建塘普达，天然生成"。还说："卫地布达是由人力建构"，而建塘普达"乃为天然显现者也"。早在800年前，人们就已发现了这块净土，并在此建了佛殿，称其为观音菩萨的圣地。

为尊重历史，还原历史的本来面貌，迪庆藏学研究院为碧塔海属都湖景区主持召开了地名考证专家论证会，将碧塔海、属都湖定名为"普达措"。

一、建立国家公园的契机

普达措国家公园体制试点的建设是在碧塔海省级自然保护区的基础上，整合"三江并流"世界自然遗产地哈巴雪山片区之属都湖景区、尼汝自然生态旅游村的自然及人文资源而建设的，她兼具国际重要湿地、自然保护区和世界自然遗产地。

1984年，云南省政府批准成立了碧塔海省级自然保护区，此后20多年，碧塔海省级自然保护区及属都湖景区优美的景观吸引了国内外众多游客。大量游客的进入，基础设施建设的落后，景区旅游的无序竞争，社区居民无组织的旅游行为，对保护区的生态环境造成了影响，自然资源保护的压力越来越重。迪庆州政府意识到，如果不采取强有力的建设和保护措施，将严重影响碧塔海湿地生态系统。而如何协调保护和资源合理利用的关系，是保护区发展建设的关键。

1993年起，迪庆藏族自治州对外开放进一步深入，对外交往空间进一步扩大，其间美国驻成都领事馆总领事葛康先生曾先后7次访问香格里拉，对迪庆的发展提出了许多建设性的意见，包括"迪庆自然资源的保护与合理利用的有效方式之一就是走国家公园的发展模式"的意见。在与时任中甸县县委书记齐扎拉的交流中，第一次将"国家公园"的理念带入香格里拉，对日后迪庆推动国家公园建设产生了积极的影响。

1996年起，云南省率先在全国开展国家公园新型自然保护地模式的研究、探索与实践，2006年成立"香格里拉普达措国家公园"并通过地方立法，整合碧塔海省级自然保护区、属都湖景区以及尼汝村的自然及人文资源，由迪庆碧塔海属都湖景区管理局（普达措国家公园管理局前身）进行管理，旨在实现保护与发展共赢。

2013年，党的十八届三中全会作出"建立国家公园体制"的战略部署。2015年1月，国家发展改革委等13部委印发《关于印发建立国家公园体制试点方案的通知》，提出在云南等9个省（市）开展建立国家公园体制试点。2016年10月27日，国家发展改革委批复实施《香格里拉普达措国家公园体制试点区试点实施方案》，普达措国家公园正式开始体制试点。

试点区主要保护典型的封闭型森林—湖泊—沼泽—草甸复合生态系统、发育完好的寒温性针叶林和硬叶常绿阔叶林、完整的古冰川遗迹、珍稀濒危野生动植物、传统文化与历史遗迹等。试点区的重要资源包括在自然生物地理区域中具有代表性的各类自然生态系统（寒温性针叶林、硬叶常绿阔叶林）、国家重点保护或其他具有特殊保护价值的野生动植物物种（中甸叶须鱼、黑颈鹤）较集中的分布地、具有重大科学意义的地质构造和自然遗迹（第四纪冰川地貌遗迹、七彩瀑布、高原湖泊）、最能体现"人与自然和谐"的自然人文复合型景观（尼汝村、洛茸村、地基塘草甸）等。

尼汝七彩瀑布
（摄影：丁文东）

普达措的高山牧场（摄影：杨旭东）

01 —明镜般的属都湖（摄影：杨旭东）

02 —碧塔海（摄影：杨旭东）

03 —高原上的植物（摄影：杨旭东）

04 —高山牧场上的马匹（摄影：杨旭东）

01		
02	03	
	04	

二、普达措之美

香格里拉有着世外桃源的美誉，普达措就是这个世外桃源里最美的宝石，当你走进普达措，会为这里交织着如此丰富多彩的自然文化经纬而感到陶醉。

香格里拉普达措国家公园体制试点内拥有丰富的自然生态资源和人文景观资源，显著的自然生态资源有地质地貌、湖泊湿地、森林草甸、雪山河流、珍稀动植物和观赏性植物；人文景观包括宗教文化、农牧文化、民俗风情和房屋建筑等。自然与人文相交融，使普达措的自然基底拥有了活的灵魂。

1. 地景之美

普达措是一座生命的博物馆，温柔的绿色和轻声的呼吸在这里书写着人间的奇迹，大约在1亿8千万年前，滇西北地区仍处在古地中海的深海槽中；自中生代燕山运动一直到新生代第三纪的渐新世，云南广大地区经历了漫长的夷平作用，渐新世末到更新世开始，大地发生了喜马拉雅造山运动；欧亚板块和印度板块相撞之后，青藏高原大幅度隆起，而迪庆地区作为青藏高原的南沿部分也发生了强烈的褶皱，山体不断升起形成迪庆高原。从高处俯瞰，无数个山头在同一水平面上形成一个高原面，这就是香格里拉的古夷地形古夷平面。

试点区地势由北部、西部和南部向东部倾斜，最高点位于尼汝村西北部山顶，海拔4670米，最低点位于尼汝河河谷，海拔2347米。试点区北部、西部和南部高原面保存较好，尤其是尼汝村北部的纳波以及属都岗河上游及其与尼汝河之间的分水岭地区，海拔大多在3500米以上，分布有多个由古夷平面断陷并经冰川改造后形成的盆地。古夷平面之下，因受尼汝河、洛吉河、属都岗河的侵蚀切割，发育有2～3级剥蚀面。剥蚀面之下为深切割的"V"形峡谷，以尼汝河、洛吉河、普朗河峡谷最为典型。在垂直方向上，呈现出"山岭—高原面—剥蚀面—河谷"分层明显的地貌组合格局。

2. 植被之美

试点区内动植物资源非常丰富，其中，种子植物140科568属2275种；哺乳动物8目23科74种，鸟类19目58科297种，爬行动物2目5科11种，两栖动物2目5科13种，原生鱼类2目4科17种。丰富的物种及其基因多样性、生态植被类型的多样性，展示着普达措旺盛的生命活力。亚高山针叶林是普达措最主要的植被类型：分为云杉、冷杉、大果红杉、高山松四种原生林木群落。公园内的阔叶林有硬叶常绿阔叶林和落叶阔叶林两类，硬叶常绿阔叶林主要由滇川高山栎树组成，多分布在向阳的山坡；落叶阔叶林主要有白桦、红

开满鲜花的牧场
（摄影：杨旭东）

桦和山杨柳，均属次生林，多分布在阴坡。灌丛植被主要有高山柳灌丛、灰背杜鹃灌丛和高山栎灌丛。观赏性植物更是数不胜数，每年的5月下旬开始，普达措进入鲜花盛开的季节，花的种类和颜色会随月份的变化不停地更替，向人们展示着令人惊奇的美丽，这种缤纷的场面会一直持续到9月，在这些争奇斗艳的花卉里有杜鹃、报春、龙胆花、西南鸢尾、管状马先蒿、总状绿绒蒿、黄花杓兰、金莲花、银莲花、网脉橐吾、滇属豹子花等等，这其中杜鹃、龙胆、报春、绿绒蒿是属云南八大名花中的花卉，尤其以杜鹃花最为惹眼，纯白的大白杜鹃、粉红的腋花杜鹃、红色的映山

红，甚至是蓝色的灰背杜鹃也来争艳，斑斓似锦。

3. 水景之美

"三江并流"地区是世界上高原湿地类型最多的区域之一，主要包括高原湖泊湿地，江河湿地和沼泽湿地三种类型，香格里拉的高原湖泊多为浅水型的封闭和半封闭内陆断层陷落湖和冰蚀湖。

属都湖和碧塔海则是三江并流地区最负盛名的高原湖泊之一。

属都湖以"晨雾倒影"著称，在雾中悠游，宛若仙境；春天，属都湖有杜鹃花相簇相拥，分外怡然；夏季，鲜花烂漫，牧草丰美，湖水送爽，远离酷

暑；秋天，色彩斑斓，层林尽染；冬季，白雪皑皑纯澈无边。

碧塔海是一个神奇而美丽的高原湖泊，是《消失的地平线》一书中香格里拉的重要组成部分，"高原上蓝色的湖泊，它像天上的星星洒落草原，又像皇宫的珍珠藏于林间"，被誉为"高原明珠"。碧塔海非常的古老，从距今四五千万年前就开始逐渐形成，走过了冰雪覆盖的冰河时期，经受了冰川无声无息的作用一点点发育成今天的模样，纷飞的雨雪，周边的山体上冰川消融，为湖泊提供了相对稳定的补给水源，良好的植被又不断把水源涵养起来，如今它用最美的姿态展示在世人面前。

4. 人文之美

在经济地理上，试点区处于滇、川农牧交错过渡带，农业种植和草地畜牧业两种生产方式并存，形成与自然生态相适应，农耕田地与牧草用地交错分布的半农半牧文化，具有独特的转场游牧方式。区域内各民族和睦相处，不被种族、信仰、习俗所界阂；人与自然和谐相处，对自然索取节制，以一种适度作为行为准则建立起属于自己的文化秩序。他们依山水而居，靠山水生存，与周边的自然融为一体，他们认为：自然是活生生的生命体，山体的岩石是自然的骨架，草地是自然的皮肤，树木是自然的毛发，河水是自然流动的血液，林间栖息的动物是自然届的五脏六腑，山脉是自然的脊柱，纵横的沟壑是自然的肋骨。他们对自然赋予精神生命的属性，每一根草、每一棵树都视为上天的礼赠，百般珍惜，他们对自然环境有一种敬畏、感激和珍爱之情。

正是因为这种朴素的文化理念，香格里拉的自然生态才得到了最大限度的保护，才有了今天的普达措。

李玥

属都湖的秋景（摄影：杨旭东）

3.10
钱江源国家公园体制试点

浙江_省
试点位于

252km²
试点面积

2016_年
试点开始时间

钱江源国家公园体制试点位于浙江省开化县，属于浙皖赣三省交界处，包括古田山国家级自然保护区、钱江源国家级森林公园、钱江源省级风景名胜区以及上述自然保护地之间的连接地带。试点区面积约252平方公里，涉及了苏庄、长虹、何田、齐溪共4个乡镇和1个国有林场。

地球上"最美的一片叶子"

钱江源国家公园体制试点区保存着典型的亚热带原生常绿阔叶林。图标以一片树叶为创意基础，巧妙地将常绿阔叶林、钱塘江源头、浙江开化地形图等特色元素融于一体，勾勒出一个五彩缤纷的世界，展示了钱江源国家公园体制试点"绿水相伴、青山环抱"的一派生机与活力。

叶子主体由五大色块构成，象征着钱江源的蓝色天空、绿水青山、金色田野和红色圣地；叶脉则象征开化密布的水网，清澈蜿蜒的流水自然构成一个开化的"开"字；叶柄则表达钱塘江的一江清水自源头而下。

一、建立钱江源国家公园体制试点的意义

1. 保护钱江源区生态安全

保护浙江省母亲河钱塘江源区的生态安全，维系源区生态系统、生物物种及其遗传多样性，承担源区生态系统的服务功能，对浙江及长三角地区的生态安全及国民经济发展发挥着重要作用。

2. 保护生态系统完整性和资源独特性

钱江源国家公园体制试点区内拥有较为完整的低海拔中亚热带常绿阔叶林，是联系华南—华北植物的典型过渡带，保存有大片原始状态的天然次生林，林相结构复杂、生物资源丰富，是中国特有的世界珍稀濒危物种、国家一级保护野生动物白颈长尾雉、黑麂的主要栖息地。

3. 解决自然保护地多头管理问题

钱江源国家公园体制试点位于长三角，是我国目前三大经济圈（珠三角、京津冀）中唯一的国家公园体制试点，该区域土地资源保护与开发矛盾突出，试点区建设将有利于解决自然保护地多头管理、人为分割的碎片化问题，具有较强的示范作用和推广意义。

大面积呈原始状态的中亚热带常绿阔叶林　钱江源国家公园体制试点区内的天然林约占整个试点区面积的80%，以常绿阔叶林为主。其中中亚热带低海拔常绿阔叶林是中国最具优势的生态系统类型，整个试点区内保存有呈原始状态的顶级常绿阔叶林植被的面积约占整个试点区面积的23%。

莲花塘　钱江源是钱塘江的发源地和重要水源涵养地。钱塘江是浙江省的母亲河，干流303千米，流域面积1.9万平方千米，以莲花塘为源头，是具有重要价值的自然景观。

古田山　因其山畔有田，山中深处有古森林，林中有古田庙，故名古田山。由3条主岗和两条大沟组成，森林资源丰富，林相结构复杂，植物种类繁多，层次分明。在植物组上兼有南北的景色。山上林木葱茏，遮天盖日，天然次生林发育完好。古田山高961米，山势由东向西延伸至江西省境内，以其山势险峻，景色优美著称。东北两面群岭耸峙，西南方向岗岭环抱，山陡地险，岩石嶙峋。

枫楼湿地　是钱塘江源头迄今为止发现的面积最大的高山湿地，位于钱江源国家公园体制试点枫楼坑海拔700多米的龙聆湾。山川盆地，地势平坦，高差只有10余米，呈莲花形，"花瓣"一片片伸入各个山湾，绵绵漾漾，湿地的水就是这些"花瓣"旁的各个山头聚集来的。枫楼湿地空气清新，在高山湿地呼吸清新的空气，宛如进入人间仙境。

古田飞瀑　钱江源国家公园古田山东南坡的悬崖上，有瀑布直泻崖下龙潭，高30多米，浪花翻滚，水珠飞溅，声震空谷。

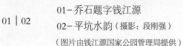

01｜02　01-乔石题字钱江源
02-平坑水韵（摄影：段刚强）
（图片由钱江源国家公园管理局提供）

196

白鹇

（图片由钱江源国家公园管理局提供　摄影：徐良怀）

古田瀑布

（图片由钱江源国家公园管理局提供　摄影：程育全）

三、丰富的生物多样性

据统计，试点区内有高等植物257科1004属2245种，其中珍稀植物103种，种子植物161科763属1677种，我国特有属17个，浙江植物区系有9种仅见于钱江源国家公园体制试点内。发现维管植物模式标本达11种，昆虫模式标本达164种，记录有264种鸟类，占浙江全省的52%，国家一级保护鸟类1种，国家二级保护鸟类35种；兽类有44种，隶属于8目18科，包括国家一级保护野生动物黑麂、中国穿山甲，国家二级保护野生动物猕猴、藏酋猴、亚洲黑熊和中华鬣羚。其中黑麂的种群数量占全球种群数量的10%以上。

❶ 钱江源国家公园的珍稀濒危植物一览表

序号	种名（中文名与拉丁名）	所属科	国家重点野生保护植物（第一批,1999）及第二批（征求意见稿）	中国植物红皮书1991	中国物种红色名录2004
1	南方红豆杉 Taxus wallichiana var. mairei (L. K. Fu & Nan Li	红豆杉科	I级		易危
2	金钱松 Pseudolarix amabilis Rehder	松科	II级	易危	易危
3	榧树 Torreya grandis Fortune ex Lindley	红豆杉科	II级		易危
4	大叶榉树 Zelkova schneideriana Hand.-Mazz.	榆科	II级		
5	长序榆 Ulmus elongata L. K. Fu & C. S. Ding	榆科	II级	濒危	濒危
6	连香树 Cercidiphyllum japonicum Siebold & Zucc.	连香树科	II级		易危
7	八角莲 Dysosma versipellis M. Cheng	小檗科	II级	易危	易危
8	鹅掌楸 Liriodendron chinense Sarg.	木兰科	II级	稀有	易危
9	黄山木兰 Magnolia cylindrica E. H. Wilson	木兰科		易危	易危
10	厚朴 Magnolia officinalis Rehder & E. H. Wilson	木兰科	II级		易危
11	凹叶厚朴 Magnolia officinalis var. biloba Rehder & E. H. Wilson	木兰科		易危	易危
12	乐东拟单性木兰 Parakmeria lotungensis Y. W. Law	木兰科	易危 二级		易危
13	香樟 Cinnamomum camphora J. Presl	樟科	II级		
14	闽楠 Phoebe bournei Yen C. Yang	樟科	II级	易危	易危
15	杜仲 Eucommia ulmoides Oliver	杜仲科	II级		易危
16	长柄双花木 Disanthus cercidifolius subsp. longipes H. T. Pan	金缕梅科	II级	易危	
17	野大豆 Glycine soja Siebold & Zucc.	豆科	II级	易危	
18	三小叶山豆根 Euchresta japonica Regel	豆科	II级	易危	濒危
19	花榈木 Ormosia henryi Prain	豆科	II级	易危	易危
20	毛红椿 Toona ciliata var. pubescens (Franch.) Hand.-Mazz.	楝科	II级		易危
21	香果树 Emmenopterys henryi Oliver	茜草科	II级	稀有	近危
22	中华猕猴桃 Actinidia chinensis Planchon	猕猴桃科	II级		
23	异色猕猴桃	猕猴桃科	II级		
24	长叶猕猴桃 Actinidia hemsleyana Dunn	猕猴桃科	II级		
25	小叶猕猴桃 Actinidia lanceolata Dunn	猕猴桃科	II级		
26	黑蕊猕猴桃 Actinidia melanandra Franchet	猕猴桃科	II级		
27	毛花猕猴桃 Actinidia eriantha Bentham	猕猴桃科	II级		
28	细萼无柱兰 Amitostigma gracile (Blume) Schltr.	兰科	II级		
29	白及 Bletilla striata Rchb. f.	兰科	II级		易危
30	广东石豆兰 Bulbophyllum kwangtungense	兰科	II级		
31	钩距虾脊兰 Calanthe graciliflora Hayata	兰科	II级		易危
32	金兰 Cephalanthera falcata (Thunb.) Blume	兰科	II级		
33	惠兰 Cymbidium faberi	兰科	II级		易危
34	多花兰 Cymbidium floribundum Lindley	兰科	II级		易危
35	台兰 Cymbidium pumilum Y. S. Wu & S. C. Chen	兰科	II级		
36	春兰 Cymbidium goeringii Rchb. f.	兰科	II级		易危
37	斑叶兰 Goodyera schlechtendaliana Rchb. f.	兰科	II级		近危
38	鹅毛玉凤花 Habenaria dentata Schltr.	兰科	II级		
39	线叶玉凤花 Habenaria linearifolia Maxim.	兰科	II级		
40	叉唇角盘兰 Herminium lanceum Vuijk	兰科	II级		
41	短距槽舌兰 Holcoglossum flavescens Z.H.Tsi	兰科	II级		易危
42	长瓣羊耳蒜 Liparis pauliana Hand.-Mazzetti	兰科	II级		易危
43	小沼兰 Oberonioides microtatantha (Schlechter)	兰科	II级		
44	广东舌唇兰 Platanthera kwantungensis (H. G. Reichenbach)	兰科	II级		
45	筒距舌唇兰 Platanthera tipuloides Lindley	兰科	II级		近危
46	独蒜兰 Pleione bulbocodioides Rolfe	兰科	II级		
47	短茎萼脊兰 Sedirea subparishii (Christenson)	兰科	II级		濒危
48	绶草 Spiranthes sinensis Ames	兰科	II级		
49	带唇兰 Tainia dunnii Rolfe	兰科	II级		近危
50	小花蜻蜓兰 Tulotis ussuriensis H. Hara	兰科	II级		近危
51	见血青 Liparis nervosa Lindley	兰科	II级		
52	寒兰 Cymbidium kanran Makino	兰科	II级		易危
53	单叶厚唇兰 Epigeneium fargesii (Finet) Gagnep.	兰科	II级		
总计				52	13	28

198

黑麂

中国共有3种麂：黑麂、赤麂和小鹿。其中黑麂是国家一级保护野生动物，为中国特有种，濒危野生动植物种国际贸易公约（CITES）附录Ⅰ物种，将其濒危等级列为易危。

黑麂属于鹿科麂属，但是在鹿科动物中，长相最是诡异：脸蛋小巧可爱，大眼睛水汪汪的，可是嘴角却会露出一截恐怖的尖牙，从上颚延伸出来，好像吸血鬼一般；头顶长有淡黄色的长毛，有时能把两只短角遮住，有点像洗吹剪里的"非主流"。

黑麂尾巴比较长，一般超过20厘米，背面是黑色，外面包着一圈纯白的毛，十分显眼。虽然是食草动物，但也曾在它的胃内发现过一些碎肉块，表明它能偶尔也吃动物性食物，这在鹿类动物中还是绝无仅有的。

黑麂十分胆小，大多在早晨和黄昏活动，白天常在大树根下或在石洞中休息，稍有响动立刻跑入灌木丛中隐藏起来。觅食的时候每啃几口青草或树叶就要抬起头来尖着耳朵倾听，一发现可疑迹象，立即逃之夭夭。它的嗅觉也很灵敏，能远远地分辨出深藏潜伏的敌人，即使人发现了它，也难于接近，只有悄悄迂回到它的下风口去，才能让其嗅觉无能为力。但即便蹑脚蹑手接近它，无意中踩断的枯枝也会被它的听觉捕获。

黑麂（*Muntiacus crinifrons*）
（图片由钱江源国家公园管理局提供）

黑麂"串门"

　　为了探究野生动物的生存奥秘，钱江源国家公园体制试点区全域安装有红外相机。科学家在研究照片、视频的过程中，发现了一个十分有趣的现象：黑麂在古田山的活动范围集中在北部，但每年总有近两个月的时间，红外相机很少能拍摄到它们的身影。过了这个时间，它们就会再度出现。那么这两个月黑麂去哪儿了？科学家推测，黑麂很有可能是跨省进入江西，因为邻县婺源也有一片林子，与古田山相连。

　　虽然钱江源国家公园体制试点的西北部以浙江省开化县与安徽、江西的省界为界线，但从地理的角度上看，钱江源与毗邻的安徽省休宁县、江西省婺源县、德兴市部分区域同属白际山脉，地域上相连，同属一个生态系统，即低海拔中亚热带常绿阔叶林。所以黑麂跨省"串门"儿，就不是什么稀奇事了。

▲ 安装在钱江源国家公园体制试点区内的红外相机
(图片由钱江源国家公园管理局提供)

四、人与自然共生

钱江源国家公园体制试点范围内及周边，如此高的人口密度，如何实现人与自然和谐共生，保护好自然资源，理顺社区关系？其实，当地百姓自古以来就有一套办法。白颈长尾雉、白鹇、野猪等野生动物经常闯入农田，毁坏庄稼。于是当地古田村的先民想到了一个办法，在每年插秧时节举行一场仪式，叫古田保苗节。这一天，人们抬着明太祖、关公的塑像走进田陌，并在整个田畈上遍插红、黄、蓝三色小旗，辅以锣鼓和唢呐伴奏。据说，神像有祛病驱虫，驯服野兽的法力。先民们相信，神明巡游过的稻田，能够无灾无病，五谷丰登。其实，这些活动本质上是人类给野生动物的一种善意的提醒和警示。

在浙江省开化县，很多村庄都有类似的民俗，维系着生态平衡，体现了开化人的原始生态理念和人文智慧：敬畏自然、尊重自然、保护自然。

何斌敏

01 | 02 / 03 | 04 　01-荫木禁碑　　　　　　　　　　　02-浙江省非物质文化遗产：古田保苗节
03-浙江省非物质文化遗产：古田保苗节　04-浙江省非物质文化遗产：古田保苗节
（图片由钱江源国家公园管理局提供）

3.11
南山国家公园体制试点

湖南省
试点位于

635km²
试点面积

2016年
试点开始时间

一、基本情况

南山国家公园体制试点位于湖南省邵阳市城步苗族自治县，于2016年7月经国家发展改革委批复设立。主要由城步县域内原湖南南山国家级风景名胜区、金童山国家级自然保护区、两江峡谷国家森林公园、白云湖国家湿地公园4个国家级保护地和部分具有保护价值的区域整合而成，总面积为635.94平方公里，涵盖7个乡（镇）、43个村（居委会）、3个国有林场1个牧场。主要保护对象为中亚热带低海拔常绿阔叶林等森林生态系统，中山泥炭藓沼泽湿地和南方草地生态系统，资源冷杉、林麝等国家重点保护动植物及其栖息地。

南山国家公园体制试点位于南岭山地范围内，地处南岭山系主峰区域，是我国南北纵向与东西横向山脉交汇枢纽，是"两屏三带"生态安全战略中"南方丘陵山地带"的典型代表，是长江流域沅江、资江和珠江流域西江水系源头、水源涵养地和分水岭。是我国华南—南岭、华中、华东、滇黔桂植物区系交汇过渡地带，涵盖了中南部山地森林、湿地、草地三大典型生态系统。

试点区处于全球生物多样性热点区域——中国南方山地生态系统的核心区域。试点区内生物多样性丰富，珍稀保护物种众多，保护价值高，是生物物种和遗传基因资源的天然博物馆。试点区内有国家重点保护野生动物39种，其中国家一级保护野生动物有林麝、白颈长尾雉、中华秋沙鸭、云豹，国家二级保护野生动物有黑熊、大灵猫、小灵猫等。有国家重点保护野生植物28种，其中国家一级保护野生植物有资源冷杉、银杉、伯乐树、南方红豆杉、银杏等，国家二级保护野生植物有华南五针松等。该区域是国家一级保护植物资源冷杉模式产地。

中草甸峰丛地貌，翠峰叠嶂
（图片由南山国家公园管理局提供　摄影：小寒）

01
—
02
—
03

01-航拍南山巫水柔情（摄影：谢超）
02-林麝
03-白颈长尾雉
（图片由南山国家公园管理局提供）

第四纪冰期遗残遗的"植物活化石"——资源冷杉

南山国家公园体制试点区内拥有具有全球性保护价值的资源冷杉群落，资源冷杉为该地模式标本。2019年8月18日，湖南南山国家公园管理局工作人员在园区内发现1100余株资源冷杉，这是我国目前发现的最大规模资源冷杉集中分布群落，并将我国发现野生资源冷杉总数由原来不足600株扩大到1700余株。

资源冷杉——国家一级保护野生植物，第四纪冰期遗留下的"活化石"，全球极濒危的珍稀树种之一。目前已实现人工繁育。图中分别为果球、幼苗及成木3个阶段
（图片由南山国家公园管理局提供）

资源冷杉群落
（图片由南山国家公园管理局提供 摄影：杨鹏）

两江峡谷秋色
（图片由南山国家公园管理局提供）

二、中国南方的"呼伦贝尔"——南山牧场

南山牧场是我国南方最大高山台地草地，23万亩（1亩＝1/15公顷）集中连片的草山草坡，被誉为"南方的呼伦贝尔"，是"中国第一牧场"。当年红军长征经过此地时，王震曾感叹"等全国解放了，一定要在这里办一个大牧场"。1956年，南山牧场开始筹建，后在时任国务院副总理王震同志的直接关心和倡议下，1979年成立南山牧场，并开始走上种草、养畜的道路。南山牧场既有北国草原的苍茫雄浑，又有江南山水的灵秀神奇，平均1760米的海拔使南山牧场冬无严寒，夏无酷暑，成为全省乃至整个江南地区最低的地方（有人居住区）及最佳避暑胜地。

$\dfrac{01}{02}$　　01,02-南山牧场（图片由南山国家公园管理局提供　摄影：刘蓉）

三、千年鸟道

南山国家公园体制试点内主要有两条候鸟迁徙线路（鸟道），是鸟类南北迁徙双向通道和必经之地，有"千年鸟道"之称：第一条线路即白云湖—十万古田东线鸟道，是城步县城、白云湖、白毛坪乡、十万古田、广西资源线路；第二条线路即铺路水—南山西线鸟道（经过峡谷山坳），是城步县城、两江峡谷、铺路水村、南山牧场、广西龙胜线路，属于东亚—澳大利西亚鸟类的重要迁徙路线上。每年有5000万只鸟类通过该路线迁徙，是鸟类种群数量最多的路线。南山国家公园体制试点作为该鸟类迁徙路线的必经之地，对于保护全球候鸟具有极其重要的作用。

01 | 02
03 | 04

01- 戴胜（摄影：李跃辉）
02- 迁飞的鹭群（摄影：张健）
03- 鸳鸯，鸿翔鸾起（摄影：陈武军）
04- 中华秋沙鸭，乘风踏浪（摄影：陈武军）
（图片由南山国家公园管理局提供）

四、我国南方唯一的高山沼泽湿地——十万古田

十万古田是湖南南山国家公园至为重要的核心资源和生态宝地，是中南地区规模最大的中山泥炭藓沼泽湿地，位于湘西南边陲城步苗族自治县与广西资源县交界处，是一处海拔在1700米左右的高山平原，内分上古田、中古田、下古田、大平江四部分，总面积9万多亩。是我国南方罕见的高山沼泽湿地。因为生物在区域内的典型性、代表性与独特性，十万古田被誉为"天然动植物基因库"，也是湖南省乃至全国罕见的灾难性历史文化遗存。

湖南南山国家公园管理局联合城步苗族自治县人民政府下发了《关于对十万古田保护区实行禁牧的通告》和《关于湖南南山国家公园十万古田等核心保护区实行封禁管理的通告》等文件，着力营造最严格保护的良好氛围，将生态保护纳入法制化轨道。

01	02
03	04
05	

01,02-十万古田苔藓（摄影：李建萍）
03,04-十万古田内的独蒜兰（摄影：李建萍）
05-十万古田湿地风光（摄影：唐邵宏）
（图片由南山国家公园管理局提供）

五、亚热带低海拔常绿阔叶林

南山国家公园体制试点具有完整的亚热带低海拔常绿阔叶林。试点区内有亚热带保存最完整、面积最大的低海拔常绿阔叶林，且园区内的常绿阔叶林种类成分比较丰富，层次比较复杂，分布格局既表现出连续性，又表现出离散性，但优势种仍比较明显，群落的表现面积以800～1000平方米较适宜，重要值能较好地反映种类组成的数量综合特征，乔木层中有许多珍贵树种资源和庭园绿化种类，灌木和草本植物中有不少为涵养水源能力强或药用价值高的种类，山顶草甸和高山凤尾竹林对山顶的固土和系统演化具有重要意义。因此，南山国家公园体制试点区是我国南岭与雪峰山脉交汇处亚热带低海拔常绿阔叶林的典型代表。园区内不但有武陵山—巫山亚区系植物，而且有典型的南岭森林类型，还有本地的特有植物群落，生态类型复杂多样。

六、历史文化价值

试点区所在地城步县系全国5个苗族自治县之一，民族文化和红色文化在此交相辉映，独具特色。红军长征时期，中国工农红军第六军团和红一方面军主力长征在此经过，途中翻越了老山界，无产阶级革命家陆定一留下了经典名篇《老山界》。这里有国家级非物质文化遗产——城步吊龙舞，湖南省级非物质文化遗产——油茶习俗、杨家将故事，还有苗族刺绣、六月六山歌节、贺郎哥（又名苗族婚嫁歌）、三叶虫茶、木叶吹歌等市级非物质文化遗产，是我国华南地区苗族文化的代表。

吊龙舞
（图片由南山国家公园管理局提供，摄影：刘路芒）

01－浓浓油茶香

02－吹木叶（摄影：张健）

03－打糍粑（摄影：唐邵宏）

04－苗文石刻（摄影：张健）

05－挤油尖（摄影：唐邵宏）

（图片由南山国家公园管理局提供）

01	
02	03
04	05

孙鸿雁

参考文献

陈鑫峰，2002. 美国国家公园体系及其资源标准和评审程序[J]. 世界林业研究，15(05): 49-55.

达德里，2016. IUCN自然保护地管理分类应用指南[M]. 朱春全，欧阳志云，等，译. 北京: 中国林业出版社.

冯之浚，2013. 生态文明和生态自觉[J]. 中国软科学(02): 1-7.

顾仲阳. 书写新的绿色奇迹——专访全国绿化委员会副主任、国家林业和草原局局长张建龙 [N/OL]. 人民日报.[2019-3-13]. https://m.gmw.cn/baijia/2019-03/13/32634056.html.

黄路，2018. 改革自然资源和生态环境管理体制[M]//《深化党和国家机构改革方案》辅导 读本. 北京: 人民出版社.

李如生，2004. 美国国家公园管理体制[M]. 北京: 中国建筑工业出版社.

李云，蔡芳，孙鸿雁，等，2019. 国家公园大数据平台构建的思考[J]. 林业建设(2): 10-15.

任鹏，余建平，陈小南，等，2019. 古田山国家级自然保护区白颈长尾雉的分布格局及其季 节变化[J]. 生物多样性，27(01): 17-27.

宋旭光，2004. 资源约束与中国经济发展[J]. 财经问题研究(11): 15-20.

苏杨，2017. 整合设立国家公园为何如此难"整"?[J]. 中国发展观察(4): 49-53.

苏杨，2017. 国家公园体制建设须关注四个问题[N]. 中国经济时报.[2017-12-11].

唐芳林，孙鸿雁，王梦君，等，2013. 关于中国国家公园顶层设计有关问题的设想[J]. 林业 建设(06): 8-16.

唐芳林，2014. 国家公园属性分析和建立国家公园体制的路径初探[J]. 林业建设(3): 1-8.

唐芳林，2014. 中国需要建设什么样的国家公园[J]. 林业建设(5): 1-7.

唐芳林，2015. 建立国家公园体制的实质是完善自然保护体制[J]. 林业与生态(11): 13-15.

唐芳林，2017. 国家公园理论与实践[M]. 北京: 中国林业出版社.

唐芳林，2018. 国家公园体制下的自然公园保护管理[J]. 林业建设(04): 1-6.

唐芳林, 王梦君, 李云, 等, 2018. 中国国家公园研究进展[J]. 北京林业大学学报(社会科学版), 17(3): 17-26.

唐芳林, 2019. 让社区成为国家公园的保护者和受益方[N/OL]. 光明日报[2019-09-24]. https://m.gmw.cn/baijia/2019-09/21/33175982.html.

唐小平, 栾晓峰, 2017. 构建以国家公园为主体的自然保护地体系[J]. 林业资源管理(6): 1-8.

王开广, 2016. 国家林业局要求国家公园一园一法[J]. 政府法制(10): 24.

王梦君, 孙鸿雁, 2018. 建立以国家公园为主体的自然保护地体系路径初探[J]. 林业建设(03): 1-5.

王梦君, 唐芳林, 孙鸿雁, 2016. 国家公园范围划定探讨[J]. 林业建设(01): 21-25.

王梦君, 唐芳林, 孙鸿雁, 等, 2014. 国家公园的设置条件研究[J]. 林业建设(02): 1-6.

吴恒, 唐芳林, 曹忠, 2018. 自然资源统一确权登记问题与对策探讨[J]. 林业建设(02): 28-32.

杨锐, 2003. 建立完善中国国家公园和保护区体系的理论与实践研究[D]. 北京: 清华大学.

杨锐, 2004. 美国国家公园入选标准和指令性文件体系[J]. 世界林业研究, 17(2): 64.

杨锐, 2017. 生态保护第一, 国家代表性, 全民公益性——中国国家公园体制建设的三大理念[J]. 生物多样性, 25(10): 1040-1041.

余莉, 唐芳林, 孔雷, 等, 2018. 自然资源统一确权登记, 不动产登记和全国土地调查的工作关系探讨[J]. 林业建设(02): 22-27.

余梦莉, 2019. 论新时代国家公园的共建共治共享[J]. 中南林业大学学报(5): 25-32.

赵跃华, 2010. 高校科研管理制度比较研究及导向思考[J]. 科学管理研究, 28(1): 30-33.

中共中央办公厅, 国务院办公厅. 关于建立以国家公园为主体的自然保护地体系的指导意见[EB/OL]. (2019-06-26) [2021-03-20]. http://www.gov.cn/zhengce/2019-06/26/content_5403497.htm.

中共中央办公厅, 国务院办公厅. 建立国家公园体制总体方案[EB/OL]. (2017-09-26) [2021-03-20]. http://www.gov.cn/zhengce/2017-09/26/content_5227713.htm.

NIGEL DUDLEY, 2013. Guidelines for Applying Protected Area Management Categories[R]. Switzerland: IUCN.